中央高校教育教学改革基金(本科教学工程)资助

工程图学解题训练教程

GONGCHENG TUXUE JIETI XUNLIAN JIAOCHENG

周　晔　王　杰　**主　编**
杨　展　甘金强　**副主编**

中国地质大学出版社
ZHONGGUO DIZHI DAXUE CHUBANSHE

内容简介

本书是本科工程图学(机械制图、工程制图等)课程的解题训练教程,适用于工程图学(机械制图、工程制图等)课程学习的学生以及相关专业工程技术人员学习制图理论知识而使用。

图书在版编目(CIP)数据

工程图学解题训练教程/周晔,王杰主编. —武汉:中国地质大学出版社,2019.9
ISBN 978-7-5625-4627-6

Ⅰ.①工⋯

Ⅱ.①周⋯ ②王⋯

Ⅲ.①工程制图-高等学校-题解

Ⅳ.①TB23-44

中国版本图书馆 CIP 数据核字(2019)第 186715 号

工程图学解题训练教程	周 晔 王 杰 **主 编**
	杨 展 甘金强 **副主编**
责任编辑:李应争　　　　　选题策划:张 琰	责任校对:徐蕾蕾
出版发行:中国地质大学出版社(武汉市洪山区鲁磨路388号)	邮政编码:430074
电　　话:(027)67883511　　　传　　真:(027)67883580	E-mail:cbb@cug.edu.cn
经　　销:全国新华书店	http://cugp.cug.edu.cn
开本:787毫米×1 092毫米 1/16	字数:250千字　　印张:9.75
版次:2019年9月第1版	印次:2019年9月第1次印刷
印刷:武汉市籍缘印刷厂	印数:1—1000 册
ISBN 978-7-5625-4627-6	定价:40.00元

如有印装质量问题请与印刷厂联系调换

前 言
PREFACE

"工程图学解题训练"（包含机械制图、工程制图等）是工科院校学生必须掌握的一门专业基础课。课堂内容理论较多，学生作业量大。经常听到学生抱怨："上课似懂非懂，下来需要再看书，拿到题目无从下手。"究其原因，用一组平面投影图形表达三维几何形体的理论，对学生来说是全新的概念。只有具备了很强的空间思维、空间形体（点、线、面、体）分析能力，才能熟练运用本课程的理论去解决问题。但这一点，对于初学本课程的学生是较为困难的。针对这一问题，我们在总结多年教学经验的基础上，结合当前国内图学课程教学的大纲实际要求，参照"高等学校画法几何及制图课程教学基本要求"，编写了本书，以期对需要学习本课程的学生或相关工程技术人员能尽快掌握所学知识有所帮助。

本书编写时，先对每一章节所涉及的主要知识理论进行了精讲，主要是帮助学生进一步系统了解所学知识理论，此外，与课本理论讲解不同的是，精讲注重理论系统性的归纳，并且还对一些典型实例进行了总结，所选的部分例题与课本教材不同，有一定的难度和针对性，目的都是希望学生尽快掌握所学理论及方法；接着对每一章节都整理出了这一章节题型的主要内容、解题方法，这主要是希望能承前启后，尽快将理论和方法用于后面的题解；最后，每一章节都选用了一些典型习题，较为详细地作了分析和解答。

本书典型习题和解答的选用，考虑了工程制图与机械制图课程教学难度和知识范围上的差别，没有一味地选用难题，而是注重学生对概念和方法上的掌握，有一些超纲的解题方法也没有讲解，主要还是为了让学生能达到现行高等学校图学教育教学大纲对解题能力的要求。此外，掌握解题方法和思想的同时，还要培养学生空间思维、空间形体分析能力，因此我们在解题时只着重对该题目进行分析。学生在阅读时，也可就该题目自行思考出其他的求解方法。如果学生能通过本书的讲解，提高和熟练掌握图学教育常规基本的解题能力和方法，并做到举一反三,那就令编者非常欣慰了。

本书由中国地质大学(武汉)工程图学教学组编写,全书共分六章。第一章为点、直线和平面的投影;第二章为立体、截交线和相贯线;第三章为组合体的画法;第四章为机件图样的表达方法;第五章为零件图;第六章为装配图。其中王杰老师编写第四、五、六章,周晔老师编写第一、二章,杨展老师编写第三章,全书最后由周晔老师统稿,甘金强老师审阅。

本书在编写及出版过程中,得到了中国地质大学(武汉)教务处、中国地质大学出版社的大力协助和支持,在此谨致诚挚的谢意。

由于编者水平有限,书中难免有不足之处,恳请读者批评指正。

编 者

2019 年 1 月

目 录
CONTENTS

第一章　点、直线和平面的投影 ……………………………………………………… (1)

　第一节　知识要点精讲 ……………………………………………………………… (1)

　第二节　解题方法归纳 ……………………………………………………………… (13)

　第三节　典型题解答 ………………………………………………………………… (15)

第二章　立体、截交线和相贯线 ……………………………………………………… (23)

　第一节　知识要点精讲 ……………………………………………………………… (23)

　第二节　解题方法归纳 ……………………………………………………………… (39)

　第三节　典型题解答 ………………………………………………………………… (40)

第三章　组合体的画法 ………………………………………………………………… (50)

　第一节　知识要点精讲 ……………………………………………………………… (50)

　第二节　解题方法归纳 ……………………………………………………………… (58)

　第三节　典型题解答 ………………………………………………………………… (58)

第四章　机件图样的表达方法 ………………………………………………………… (74)

　第一节　知识要点精讲 ……………………………………………………………… (74)

　第二节　解题方法归纳 ……………………………………………………………… (89)

　第三节　典型题解答 ………………………………………………………………… (89)

第五章　零件图 ………………………………………………………………………… (107)

　第一节　知识要点精讲 ……………………………………………………………… (107)

　第二节　解题方法归纳 ……………………………………………………………… (123)

第三节　典型题解答 …………………………………………………………（123）

第六章　装配图 ……………………………………………………………………（130）

第一节　知识要点精讲 ………………………………………………………（130）

第二节　解题方法归纳 ………………………………………………………（134）

第三节　典型题解答 …………………………………………………………（134）

主要参考文献 ………………………………………………………………………（150）

第一章 点、直线和平面的投影

第一节 知识要点精讲

一、投影法及点、线的投影

1. 投影法及点、直线的投影

工程上常用的投影法是平行投影法,但正投影法应用尤其广泛。本书主要研究正投影法。正投影图度量性好、作图简便。正投影的基本特性见表1-1。

表1-1 正投影的基本特性

投影性质	从属性	平行性	定比性
图例	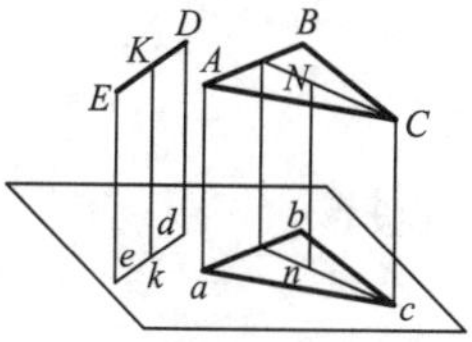	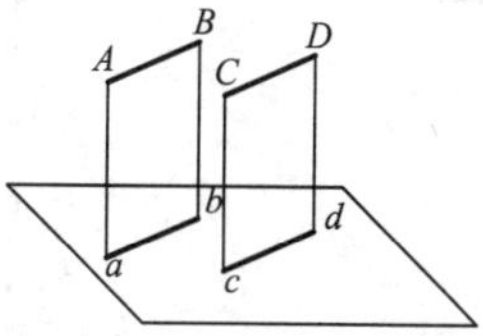	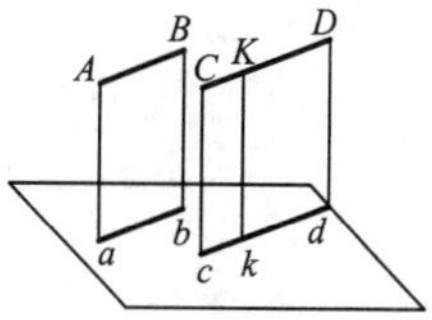
说明	点在直线(或平面)上,则该点的投影一定在直线(或平面)的同面投影上	空间平行的两直线,其在同一投影面上投影一定相互平行	点分线段之比,投影后比值不变;空间平行的两线段之比,投影后该比值不变
投影性质	真实性	积聚性	类似性
图例	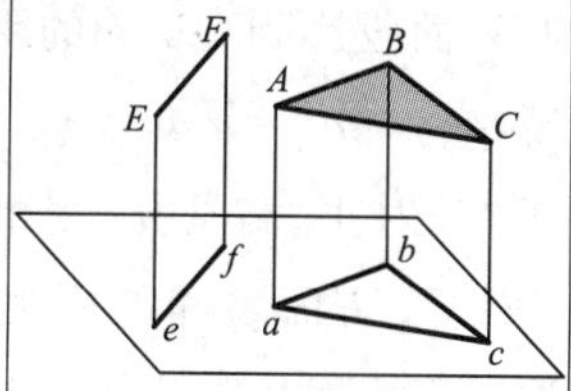	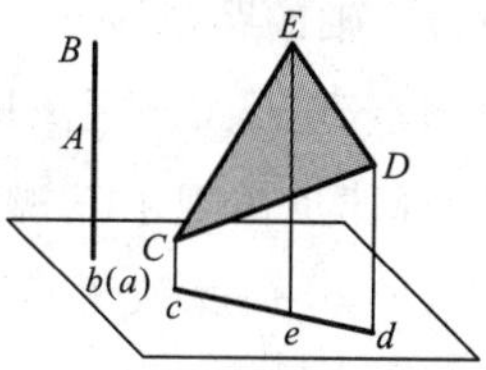	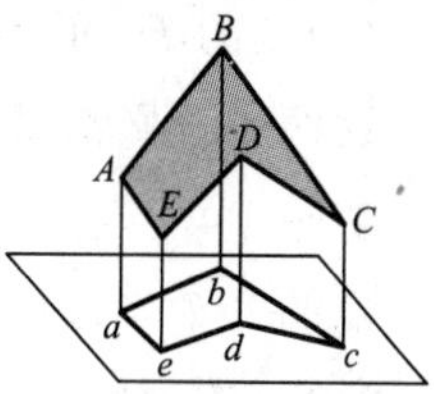
说明	直线、平面平行于投影面时,投影反映实形	直线、平面垂直于投影面时,投影积聚成点或直线	平面倾斜于投影面时,投影形状与原形状类似

3个相互垂直的投影面 V、H 和 W 构成三投影面体系,如图 1-1 所示。

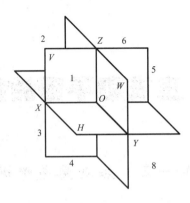

图 1-1 三投影面体系

空间点 A 在三投影面体系中有唯一确定的一组投影坐标(a, a', a''),反之如果已知点 A 的三面投影坐标即可确定点 A 的坐标值,也就确定了其空间位置,如图 1-2 所示。

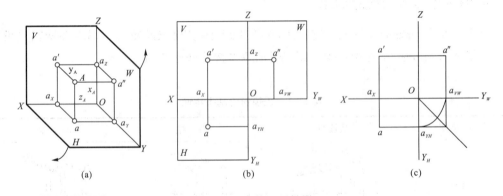

图 1-2 点的三面投影

因此可以得出点的投影规律:

(1)点的 V 面与 H 面的投影连线垂直于 OX 轴,即 $a'a \perp OX$。

这两个投影都反映空间点到 W 面的距离即 X 坐标:$a'a_Z = aa_{YH} = x_A$。

(2)点的 V 面与 W 面投影连线垂直于 OZ 轴,即 $a'a'' \perp OZ$。

这两个投影都反映空间点到 H 面的距离即 Z 坐标:$a'a_X = a''a_{YW} = z_A$。

(3)点的 H 面投影到 OX 轴的距离等于点的 W 面投影到 OZ 轴的距离。

这两个投影都反映空间点到 V 面的距离即 Y 坐标:$aa_X = a''a_Z = y_A$。

实际上,上述点的投影规律也体现了三视图的"长对正、高平齐、宽相等"。

点的 3 个坐标值(X,Y,Z)分别反映了点到 W、V、H 面之间的距离。根据点的投影规律,可由点的坐标画出三面投影,也可根据点的两个投影做出第三个投影。

例:已知点 A 的两面投影以及点 B 的坐标为(25,20,30),求点 A 的第三面投影及点 B 的三面投影[图 1-3(a)]。

2

解:(1)求 A 点的第三面投影

先过原点 O 作 45°辅助线。过 a 作平行于 OX 轴的直线与 45°辅助线相交于一点,过交点作垂直于 OY_W 的直线,该直线与过 a′平行于 OX 轴的直线相交于一点,即为所求第三面投影 a″。

(2)求 B 点的三面投影

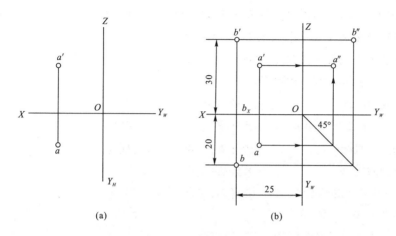

图 1-3 求作点的投影

在 OX 轴取 $Ob_X=25$,得点 b_X,过 b_X 作 OX 轴的垂线,取 $b'b_X=30$,得点 b′,取 $bb_X=20$,得点 b;同求 A 点的第三面投影一样,可求得点 B 的第三面投影 b″。答案见图 1-3(b)。

再来看看重影点及两点的相对位置。

若空间两点的某一投影重合在一起,则这两点称为对该投影面的重影点。如图 1-4 所示,在三棱柱上两点 A、C 为 H 面的重影点。重影点的可见性由两点的相对位置判别,对 V 面、H 面和 W 面的重影点分别为前遮后、上遮下、左遮右,不可见点的投影字母加括号表示。

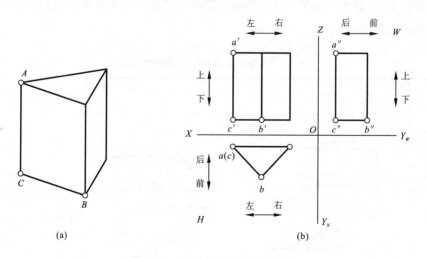

图 1-4 重影点及两点相对位置

空间点的相对位置,可以在三面投影中直接反映出来,如图1-4(b)所示,在三棱柱上的两点A、B,在V面上反映两点上下、左右关系,H面上反映两点左右、前后关系,W面上反映两点上下、前后关系。

一般位置直线对3个投影面都倾斜,其三面投影仍为直线。直线对H、V、W面的倾角用α、β、γ来表示,则$ab=AB\cos\alpha<AB$,$a'b'=AB\cos\beta<AB$,$a''b''=AB\cos\gamma<AB$。

点在直线上,由正投影的基本性质可知,应有下列投影特性。

(1)点的投影必在直线的同面投影上(从属性)。

(2)点分线段之比等于其投影之比(定比性)。

特殊位置直线的投影特性如下:

 (a)投影面平行线   正平线:$/\!/V$、$\angle H$、$\angle W$

 (b)(仅平行于某个投影面) 水平线:$/\!/H$、$\angle V$、$\angle W$

 (c)特殊位置直线   侧平线:$/\!/W$、$\angle V$、$\angle H$

 (d)投影面垂直线   正垂线:$\perp V$、$/\!/H$、$/\!/W$

 (e)(垂直于某个投影面) 铅垂线:$\perp H$、$/\!/V$、$/\!/W$

 (f)侧垂线:$\perp W$、$/\!/V$、$/\!/H$

注:"$/\!/$"表示平行、"$\perp$"表示垂直、"$\angle$"表示倾斜。

2. 空间两直线相对位置关系

空间两直线的相对位置关系有相交、平行和交叉3种情况。交叉两直线不在同一平面上,所以称为异面直线。相交两直线和平行两直线在同一平面上,所以又称它们为共面直线。

两直线的相对位置投影特性见表1-2。根据投影图可判断两直线的相对位置。如两直线处于一般位置,一般由两面投影即可判断,若两直线处于特殊位置,则需要利用三面投影或定比性等方法判断。

表1-2 两直线的相对位置投影特性

名称	立体图	投影图	投影特性
平行两直线			平行两直线的同面投影分别相互平行,且具有定比性

续表 1-2

名称	立体图	投影图	投影特性
相交两直线			相交两直线的同面投影分别相交,且交点符合点的投影规律
交叉两直线			既不符合平行两直线的投影特性,又不符合相交两直线的投影特性

二、平面的投影及线面相对位置关系

1. 平面的投影

一般位置平面的投影如图 1-5 所示,由于 △ABC 对 V、H、W 面都倾斜,因此其三面投影都是三角形,为原平面图形的类似形,且面积比原图形小。

平面对 H、V、W 面的倾角,分别用 α、β、γ 来表示。

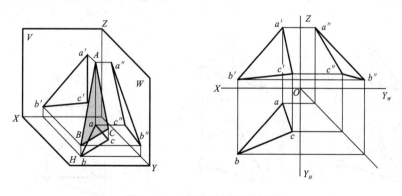

图 1-5 一般位置平面的投影

特殊位置平面分为投影面垂直面和投影面平行面两类。特殊位置平面的投影特性如下。

(a) 正垂面：$\perp V$、$\angle H$、$\angle W$

(b) 投影面垂直面　　　　　　铅垂面：$\perp H$、$\angle V$、$\angle W$

(c) 特殊位置平面　　　　　（仅垂直于一个投影面）　侧垂面：$\perp W$、$\angle V$、$\angle H$

(d) 正平面：$//V$、$\perp H$、$\perp W$

(e) 投影面平行面　　　　　　水平面：$//H$、$\perp V$、$\perp W$

(f)（平行于一个投影面）　　侧平面：$//W$、$\perp V$、$\perp H$

2. 平面内的点和直线

1）平面内取点和直线

点属于平面的几何条件是：点必须在平面内的一条直线上。因此要在平面内取点，必须过点在平面内取一条已知直线。

直线属于平面的几何条件是：该直线必通过此平面内的两个点或通过该平面内一点且平行于该平面内的另一已知直线。

在平面内取点和直线是密切相关的，取点要先取直线，而取直线又离不开取点。

例：如图 1-6(a) 所示，判断点 K 是否属于 $\triangle ABC$ 所确定的平面。

解：根据点在平面内的条件，假如点在平面内，则必属于平面内的一条直线上。判断方法是：过点 K 的一个投影在 $\triangle ABC$ 内作一直线 AK 交 BC 于 D，再判断点 K 是否在直线 AD 上。

作图过程如下 [图 1-6(b)]：连 a'、k' 交 $b'c'$ 于 d'，过 d' 作投影连线得 d，即求得 AD 的水平投影 ad。而点 K 的水平投影 k 不在 ad 上，故 K 点不属于平面 $\triangle ABC$。

2）平面内的投影面平行线

既在给定平面内，又平行于投影面的直线，称为该平面内的投影面平行线。它们既具有投影面平行线的投影特性，又符合直线在平面内的条件。如图 1-7 所示，AD 在 $\triangle ABC$ 内，$ad // OX$ 轴即 $AD // V$ 面，故 AD 为 $\triangle ABC$ 平面内的正平线。同理，AB 为该平面内的水平线。

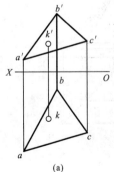 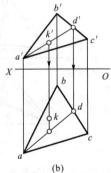 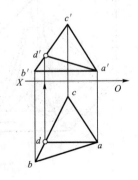

(a)　　　　　　　　　(b)

图 1-6　判断点属于平面　　　　图 1-7　平面内投影面平行线

例： 如图 1-8 所示，在平面 $ABCD$ 内求点 K，使其距 V 面 15mm、距 H 面 12mm。

分析： 在平面 $ABCD$ 内求点 K 距 V 面 15mm，则点一定在距 V 面 15mm 的正平线上。同理，又因点距 H 面为 12mm，则点一定在距 H 面 12mm 的水平线上。平面上的正平线与水平线的交点即为所求点 K。

作图步骤如下（图 1-8）：先作正平线 MN 的水平投影 $mn /\!/ OX$，且距 OX 轴 15mm，并做出 MN 的正面投影 $m'n'$。

同理，作水平线 PQ 的正面投影 $p'q' /\!/ OX$，且距 OX 轴 12mm。

$m'n'$ 与 $p'q'$ 的交点即为 K 点的正面投影 k'，作投影连线交 mn 于 k，点 $K(k, k')$ 即为所求。

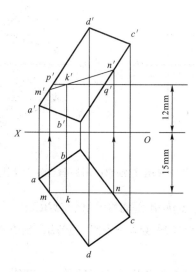

图 1-8　投影面平行线的应用

3. 直线与平面、两平面的相对位置

直线与平面、两平面的相对位置可分为平行和相交两类。

（1）直线与平面平行的几何条件是：直线平行于平面内任一直线。

（2）平面与平面平行的几何条件是：一平面内相交两直线对应平行于另一平面内的两相交直线。利用上述几何条件可在投影图上求解有关平行问题。

例： 如图 1-9 所示，判别直线 EF 是否平行于 $\triangle ABC$。

解： 若 $EF /\!/ \triangle ABC$，则 $\triangle ABC$ 上可做出一直线平行于 EF。故先作一辅助线 AD，使 $a'd' /\!/ e'f'$，再求出 $a'b'$ 在 $\triangle abc$ 中的水平投影 ad。因 ad 不平行于 ef，所以 EF 不平行于 AD，也就是说在 $\triangle ABC$ 内不能做出一条直线平行于 EF，故 EF 不平行

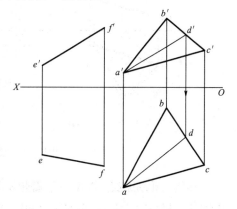

图 1-9　判别直线与平面是否平行

于△ABC。

例：如图1-10(a)所示，过已知点D作正平线DE与△ABC平行。

分析：过点D可作无数条直线平行于已知平面，但其中只有一条正平线，故可先在平面内取一条辅助正平线，然后过D作直线平行于平面内的正平线。

作图步骤如下[图1-10(b)]。

先过平面内的点A作一正平线AM（$am//OX$）；再过点D作DE平行于AM，即作$de//am$，$d'e'//a'm'$，则DE即为所求。

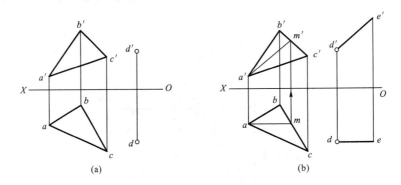

图1-10 过已知点作正平线与已知平面平行

例：如图1-11(a)所示，过点D作平面平行于△ABC。

分析：只要过点D作相交两直线分别平行于△ABC内任意两相交直线即可满足题目要求。

作图步骤如下[图1-11(b)]：先过点D作DE//AC，即作$de//ac$，$d'e'//a'c'$；再过点D作DF//AB，即作$df//ab$，$d'f'//a'b'$，则平面DEF即为所求。

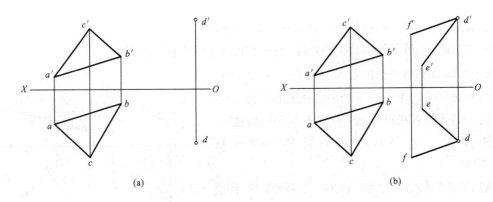

图1-11 过点作平面平行于已知平面

直线与平面相交、平面与平面相交，其关键是求交点和交线，并判别可见性。其实质是求直线与平面的共有点、两平面的共有线。同时，它们也是可见与不可见的分界点、分界线。

当直线或平面对投影面处于垂直位置时,由于它在该投影面上的投影具有积聚性,所以交点或交线至少有一个投影可以直接确定,其他投影可以运用平面内取点、取线或在直线上取点的方法确定。当直线和平面都处于一般位置时,则不能利用积聚性求解,这里不予讨论。

如图1-12(a)所示,直线 MN 与铅垂面△ABC 交于点 K。由于△ABC 的水平投影 abc 积聚成直线,故 MN 的水平投影 mn 与直线 bac 的交点 k 就是点 K 的水平投影,由 k 在 $m'n'$ 上做出 k'。

MN 的可见性可利用重影点来判断。直线 MN 与 AC 在正立面投影有一重影点即 $m'n'$ 与 $a'c'$ 的交点 $1'、2'$。分别在 mn 和 ac 上求出 1 和 2,由于点 1 在点 2 之前,故 $1'$ 可见,所以 $m'k'$ 为可见,画成粗实线。而交点为可见与不可见的分界点,故 $n'k'$ 与△$a'b'c'$ 重叠部分为不可见,画成细虚线,如图1-12(b)所示。

如图1-13(a)所示,平面△ABC 和铅垂面 DEFG 的交线为 MN。显然 M、N 分别是△ABC 的两边 AB、AC 与铅垂面 DEFG 的交点。如图1-13(b)所示,利用求直线与投影面垂直面交点的作图方法,求出交点 m、n,对应求得 m'、n',连接 $m'n'$、mn,即为交线的两面投影。

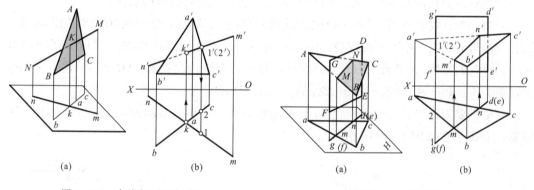

图 1-12 直线与平面相交　　　　图 1-13 两平面相交

两平面重叠部分的可见性判别,同样可用重影点 $1'、2'$ 来判别。由图1-13(b)可知,由于点 1 在点 2 之前,所以 $1'$ 可见,故 $g'1'$ 为可见,$m'2'$ 为不可见,根据平面与平面存在遮住与被遮住的关系,可判断其余各部分的可见性。可见的画成粗实线,不可见的画成细虚线。

直线与平面垂直的几何条件是:直线如果垂直于平面上两相交直线,则直线垂直于平面。

当平面为投影面垂直面时,若直线和该面垂直,则直线必平行该平面所垂直的投影面,并且直线在该投影面的投影,也必垂直于平面的投影。如图1-14(a)所示,平面 CDEF 为铅垂面,直线 AB⊥CDEF 面,则 AB 为水平线,ab⊥c(d)f(e),如图1-14(b)所示。

例:如图1-15所示,求点 D 到正垂面 ABC 的距离。

解:求点到平面的距离,是从点向平面作垂线,点到垂足的距离即为点到平面的距离。

由 d' 作直线 $d'e'⊥b'a'c'$,交点为 e'。由 d 作直线平行 OX 轴,求出 e,故 $d'e'$ 即为点 D

到正垂面△ABC 的距离实长。

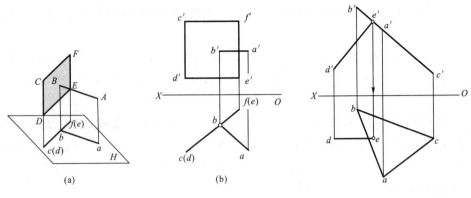

图 1-14 直线与铅垂面垂直　　　　图 1-15 求点到平面的距离

三、直角三角形法求直线实长及直线对投影面的倾角

特殊位置的直线至少有一个投影反映实长并反映直线对投影面的倾角。

一般位置直线的三面投影均不反映实长和倾角的真实大小,能否根据直线的投影求其实长及倾角的真实大小呢？实际应用中,可用直角三角形法求得。如图 1-16(a)所示,AB 为一般位置的直线,过 A 作 $AB_0 // ab$,则得一直角 $\triangle ABB_0$,在直角 $\triangle ABB_0$ 中,两直角边的长度为 $BB_0 = Bb - Aa = Z_B - Z_A = \Delta Z$,$AB_0 = ab$,$\angle BAB_0 = \alpha$。

可见只要知道直线的投影长度 ab 和对该投影面的坐标差 ΔZ,就可求出 AB 的实长及倾角 α,作图过程如图 1-16(b)所示。

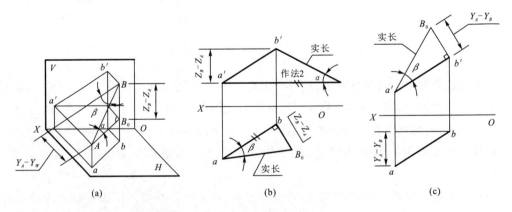

图 1-16 利用直角三角形法求实长及倾角

同理利用直线的 V 面投影和对该投影面的坐标差,可求得直线对 V 面的倾角 β 和实长,如图 1-16(c)所示。

同样可以求出直线对 W 面的倾角 γ,请读者自己分析。

例：如图1-17(a)所示,求直线 AB 的实长及对 H 面的倾角 α,并在直线 AB 上取一点 C,使线段 $AC=10$mm。

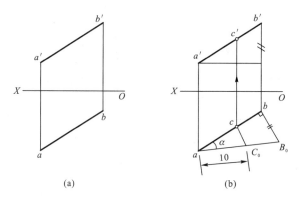

图1-17 求 C 点的投影

分析：先求出 AB 的实长及对 H 面的倾角 α,再在 AB 实长上截取 $AC_0=10$mm 得 C_0 点,然后将 C_0 点返回到 AB 的投影 ab 上,求得 C 点的投影。

作图过程如图1-17(b)所示。

(1) 过 b 作 ab 的垂线,取 $B_0b=Z_B-Z_A$ 得直角三角形 aB_0b。aB_0 夹角 α 即为所求实长与倾角。

(2) 在 AB 的实长 aB_0 上,截取 $aC_0=10$mm,得点 C_0。

(3) 再作 $C_0c/\!/B_0b$ 得点 C_0 的水平投影 c,作投影连线得点 c 的正面投影 c'。

四、直角投影定理

定理：相互垂直的两直线,若其中一直线为某投影面的平行线,则两直线在该投影面上的投影夹角为直角。

已知：$AB \perp BC$、$BC/\!/H$ 面,如图1-18(a)所示。可知水平投影 $bc \perp ab$,即 $\angle abc=90°$,如图1-18(b)所示。

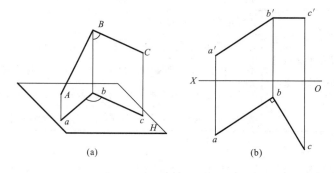

图1-18 一边平行于投影面的直角投影

该定理的逆定理同样成立。直角投影定理常被用来求解有关距离问题。

例：如图 1-19(a)所示，求点 C 到直线 AB 的距离 CD 的实长。

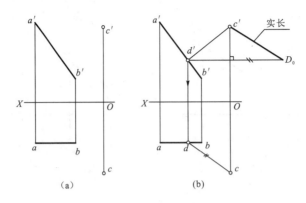

图 1-19　求点到直线的距离

分析：求点到直线的距离，即从点向直线作垂线，求垂足。因 AB 是正平线，根据直角投影定理，从点 C 向 AB 所作垂线，其正面投影必相互垂直。

作图步骤如下[图 1-19(b)]：

(1) 过 c' 作 $a'b'$ 的垂线得垂足 d'。

(2) 根据点 D 在直线 AB 上，求出点 d。

(3) 连 cd、$c'd'$ 即为距离的两面投影，利用直角三角形法求出 CD 实长。

综上所述，本章是基于正投影的原理，从三面投影体系的建立开始，主要论述了空间几何元素点、线、面的投影及有关投影的几个重要性质、定理。讨论了点、线、面之间的相对位置及其在投影图上的反映，如表 1-3 所示。

表 1-3　点、直线和平面的投影知识结构要点

	知识要点分类	主要知识结构内容
点、直线和平面	投影	点、直线和平面在正投影中各种位置的投影特性
		求直线、平面的倾角，线段实长、平面图形实形
	点、直线和平面相对位置关系	直线上的点的投影特性
		在平面上取点、取直线的方法
		平行、相交、交叉两直线的投影特性及直角投影定理
		线、面与特殊位置平面平行、相交、垂直的投影求解
		线、面与一般位置平面平行、相交、垂直的投影求解

对于上述知识结构所对应的内容，本章的习题内容主要包括以下几点：

(1) 求一般位置线段的实长和倾角、平面图形的实形；

(2) 在已知直线上取点的作图法(直线上的点的投影具有从属性和定比性)；

(3)在已知平面上取点和取直线的投影作图法(利用点和直线在平面上的几何条件作图);
(4)求直线和平面相交的交点、两平面相交的交线的投影并判别可见性;
(5)直线与平面平行、平面与平面平行的基本作图法;
(6)直线与平面垂直、平面与平面垂直的基本作图法(利用直角投影定理及直线与平面垂直的几何条件);
(7)点、直线和平面之间的定位问题及度量问题。

第二节 解题方法归纳

对于上述内容所对应的题目的求解,需要熟练掌握点的投影规律,熟悉各种位置直线和平面的投影特性。解题时应从题目所给条件和要求出发,根据投影的基本理论、性质、定理,充分运用平面几何、立体几何知识分析题目所给条件的几何要素在空间的位置,几何要素之间的相对位置关系及它们在投影图上的反映,确定解题方法和步骤。前述内容所对应的题型的求解方法主要有以下几种。

1. 利用直角三角形法求解一般位置直线的实长及其对投影面的倾角

利用直角三角形法求解,即以线段在某一投影面上的投影长度为一直角边,线段两端点到该投影面的坐标差为另一直角边,斜边即为线段实长,坐标差直角边的对顶角即为直线对投影面的倾角。上述4个要素中,只需要知道任意两个要素,直角三角形就可以做出,进而获得其他要素的值。

求解时,直角三角形的合理选择是解决此类问题的关键。

2. 利用直线上的点的投影特性求解相关问题

判断点是否在直线上,需抓住定比性和从属性两个特征。如果已知直线为一般位置直线,则可以根据两个投影面上的投影是否满足这两个特征直接加以判断,否则,如果已知直线为特殊位置直线,往往需要求出第三投影或用定比性才能判别。

判断两直线相交或交叉实质上是判断两直线的投影重叠处是否为某一空间点的投影,即两投影面上的重叠点的连线是否满足点的投影特性。如果满足点的投影特性,则为两直线相交,否则重叠点只是重影而已,此时两直线交叉。

3. 利用直角投影定理及其逆定理求解问题

当两直线在空间中相互垂直,且其中有一直线为某一投影面的平行线时,这两直线在该投影面上的投影也相互垂直,反之亦然。在求解综合类题型中,当出现垂直和投影面平行线的条件时,往往可以应用直角投影定理或其逆定理求解。应用时,必须抓住三点:投影面平行线、投影垂直和空间两直线垂直。

4. 利用平面内取点或取直线来求解问题（利用积聚性直接求解）

作图的依据为点和直线在平面内的几何条件以及直线上的点的投影特性。即欲在平面内取点，先找出过该点的平面内的一条直线；欲在平面内取直线，先找出该直线上位于平面内的点，简单表述为"定点先定线，取线先找点"。

当已知直线或平面中至少有一个处于投影面特殊位置的时候，可以直接利用积聚性获得交点或交线的一个投影，然后根据平面内取点或取直线的方法求出交点或交线的其余投影。

5. 利用辅助平面法求解问题

当已知直线和平面均为一般位置的时候，可以通过作特殊位置的辅助平面将一般位置的直线与平面求交点的问题转化为特殊位置的平面与平面求交线的问题，即首先过已知的一般位置直线作一投影面垂直面作为辅助平面，接着求所作特殊位置平面与已知一般位置平面的交线，再找出该交线与已知直线的交点，此交点即为已知直线与平面的交点。至于两一般位置平面的交线的求解，可以将一已知平面视为两相交直线表示，分别求出它与另一已知平面的交点，两交点连线即为所求。

6. 利用换面法求解问题

换面法是一种简化问题的有效方法，其基本原理是：通过变换投影面，用垂直于原有投影面的新投影面替代原有投影面；同时，新投影面必须使空间几何元素处于有利于解题的特殊位置，从而将一般位置的投影变换为特殊位置投影。

对于换面法的具体应用，我们可以归纳为6个基本问题，分别如下：

(1) 一般位置直线变换成新投影面的平行线；
(2) 投影面的平行线变换成新投影面的垂直线；
(3) 一般位置直线变换成投影面垂直线；
(4) 一般位置平面变换成投影面垂直面；
(5) 投影面的垂直面变换成新投影面的平行面；
(6) 一般位置平面变换成投影面的平行面。

在这6个问题中，前3个是直线的变换，后3个是面的变换；其中第一个和第二个问题只需要一次换面，而第三个问题需要两次换面，第四个和第五个问题需要一次换面，第六个问题需要两次换面。即直线和平面的投影变换规律如下：

一般位置直线→（一次换面）→投影面的平行线→（二次换面）→投影面的垂直线

一般位置平面→（一次换面）→投影面的垂直面→（二次换面）→投影面的平行面

需要强调的是，新投影面必须垂直原有投影面，投影面的替换应该交替进行。一般来说，解题时首先进行空间分析，确定投影变换的目的，再根据直线和平面的投影变换规律确定换面的顺序，最后进行投影作图。

7. 其他方法(逆推法或问题转化法)

逆推法就是假设最后解答已做出,然后应用有关几何定理进行空间分析,往回推导,找出解答与已知条件之间的几何联系,从而得到解题的方法和步骤。一般用于感到无法下手求解的问题。

对于有些问题,可以将目标转化为与原目标相关的其他目标的求解,如对于求直线和平面的夹角,可以转化为求其余角,即直线与平面的垂线的夹角。

第三节 典型题解答

1-1 第一分角点 A 与 H 面的距离等于其与 V 面的距离,并且 a' 已知,试画出其他两面投影(图1-20)。

分析:点 A 在第一分角的角平分面上,故其 Z 坐标值等于 Y 坐标值,据此可以求出 a,a''。

作图过程或要点说明:
(1) 由 a' 作 OX 轴的垂线,垂足为 a_x,并延长;
(2) 在该延长线上量取 $aa_x = a'a_x$,得到 a;
(3) 利用 $45°$ 辅助线做出 a''(图1-21)。

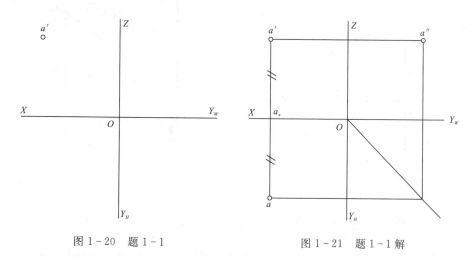

图1-20 题1-1   图1-21 题1-1解

1-2 求 AB 线段的 α 角;CD 线段的 β 角(图1-22)。

分析:求 AB 线段的 α 角须用 AB 线段的水平投影和 AB 线段两端点的 Z 坐标差组成直角三角形(注意此时 Z 坐标差不受线段端点在 OX 轴上或下的位置影响),水平投影长和斜边的夹角为 α。求 CD 线段的 β 角,须用 CD 线段的正面投影长和 CD 线段两端点的 Y 坐标差组成直角三角形,这里的 Y 坐标差就等于 cd,正面投影长和斜边的夹角为 β(图1-23)。

作图过程或作图要点说明：略。

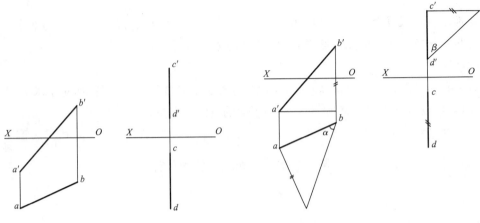

图 1-22　题 1-2　　　　　　　　图 1-23　题 1-2 解

1-3 作一直线平行于线段 EF，且与 AB、CD 两线段都相交（图 1-24）。

分析：所给线段 EF 为一般位置直线，线段 CD 为正垂线，因此，在正面投影中过 $c'(d')$ 且与 $e'f'$ 平行即得直线 KL 的正面投影 $k'l'$；线段 AB 是侧平线，要确定其上的点 L 的水平投影 l，则要用点分线段成比例的特性引比例线段求得（图 1-25）。

作图过程或作图要点说明：略。

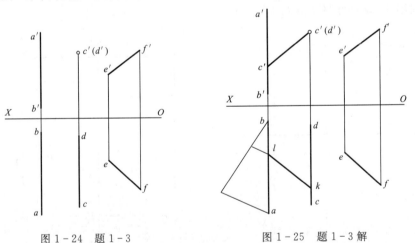

图 1-24　题 1-3　　　　　　　　图 1-25　题 1-3 解

1-4 作直线 MN 与直线 EF 正交，且与 AB、CD 两直线都相交（图 1-26）。

分析：直线 MN 与 EF 正交，且 EF 为水平线，由直角投影定理可知两直线在其水平投影上成直角，而 AB 为铅垂线，交线 MN 的水平投影 mn 必过 $a(b)$，由此可先做出水平投影。

作图过程或作图要点说明：

(1) 过 $a(b)$ 作 mn 垂直于 ef，垂足为 n，过 n 引投影连线交 $e'f'$ 于 n'。

(2) 再确定 MN 与 CD 的交点 L 的正面投影 l'，连接 n'、l' 并延长至 $a'b'$ 得 m'（图 1-27）。

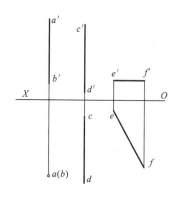

图 1-26 题 1-4

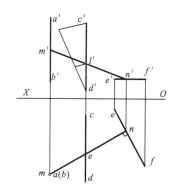

图 1-27 题 1-4 解

◀ 1-5 作线段 MN 的两面投影,其中 α=30°,N 点在水平直线 AB 上(图 1-28)。

分析:N 点在水平直线 AB 上,从正面投影可以看出 MN 两端点的 Z 坐标无论 N 点在 AB 的哪一处都是一样的,以该坐标差为一直角边和 α 角构成一直角三角形,另一直角边即为要求的 MN 水平投影。

作图过程或作图要点说明:

(1)由 m' 点作 $a'b'$ 的垂线,以此垂线为一直角边和 α 角构成直角三角形;

(2)以另一直角边的长为半径,以 m 为圆心作圆弧交 ab 于 n,由 n 引投影连线交 $a'b'$ 于 n'(图 1-29)。

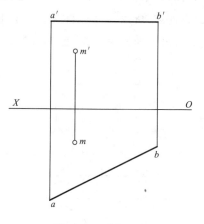

图 1-28 题 1-5

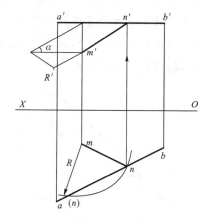

图 1-29 题 1-5 解

◀ 1-6 求作等边三角形 ABC,使 BC 边在直线 EF 上(图 1-30)。

分析:等边三角形的高垂直且平分各边。图中 EF 为正平线,BC 又在 EF 上,则 BC 边的高 AD 在 V 面上的投影 $a'd'$ 垂直于 $e'f'$。因此先做出高 CD 的两面投影并求出其实长,再由 AD 实长做出该等边三角形的实形,得实长 BC。

作图过程或作图要点说明(图 1-31):

(1)由 a' 引垂线交 $e'f'$ 于 d',同时得到 d。以 ad 坐标差和 $a'd'$ 作直角三角形,求得 AD

的实长,图中 D_1a 即为 AD 的实长。

(2) 以 AD 实长为直角边作一 60°三角形 ADB,斜边 AB 为等边三角形的边长,另一直角边 BD 为边长 BC 的一半。

(3) 直角三角形 BD 边在 V 面投影上反映了实长,以此可以求出等边三角形在 V 面的投影。

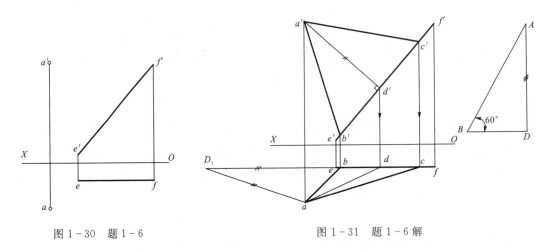

图 1-30 题 1-6　　　　　　　　图 1-31 题 1-6 解

◀ **1-7** 补全平面图形的水平投影(图 1-32)。

分析:该平面图形为五边形,由题可知其中 A、B、C 三点的两面投影,所以该五边形平面已确定,又知属于这个平面的另外两个顶点的正面投影,所以只要根据点在平面上的几何条件作图,就可求出这两点的水平投影,从而完成平面图形的水平投影(图 1-33)。

作图过程或作图要点说明:略。

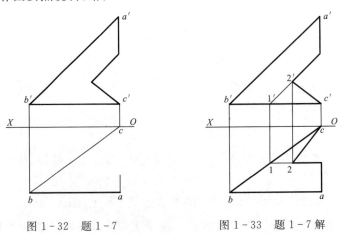

图 1-32 题 1-7　　　　　　　　图 1-33 题 1-7 解

◀ **1-8** 求三角形 ABC 和四边形 DEFG 的交线 KL,并判别可见性(图 1-34)。

分析:四边形 DEFG 为水平面,V 面投影有积聚性,因此两平面交线为水平线,且与 AB 平行,其 V 面投影已知。

作图过程或作图要点说明：

(1)延长 $e'(f')d'(g')$ 交 $a'c'$ 于 m'，在 ac 上作点 m，过点 m 作 ab 的平行线，交 dg 于 k，交 bc 于 l。求出 $k'l'$，KL 即为两平面交线。

(2)利用重影点(2、3)判别可见性(图 1-35)。

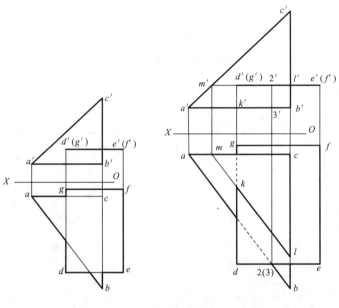

图 1-34 题 1-8　　　　图 1-35 题 1-8 解

1-9 求直线与平面的交点 K，并判别可见性(图 1-36)。

分析：题中所给直线与平面的两面投影均无积聚性(都是一般线和一般面)，故求交点须作辅助平面。先过一般线作一辅助平面 P，该平面是投影面垂直面(铅垂面或正垂面均可，图解中为正垂面)，求出平面 P 与已知平面的交线 1 和 2，直线 1、2 与已知直线的交点 K，即为所求。这里需强调，平面 P 为把直线某投影作为积聚性投影的特殊面(图 1-37)。

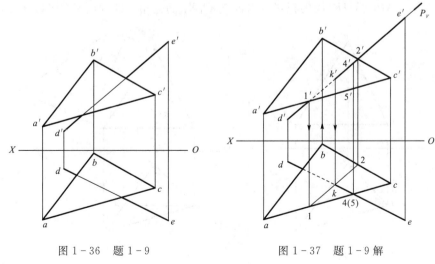

图 1-36 题 1-9　　　　图 1-37 题 1-9 解

作图过程或作图要点说明:略。

 1-10 已知平面 ABC 垂直于平面 EFG,补画平面 EFG 的水平投影(图 1-38)。

分析:如果能在平面 EFG 内作一条与平面 ABC 垂直的直线,则两平面垂直的关系确定。由于平面 ABC 为铅垂面,所以垂直于平面 ABC 的直线必为水平线。

作图过程或作图要点说明:

(1)过 G 作一水平线 G1,$g'1'$ 平行于 OX,$g1$ 垂直于 bac。

(2)连接 $f1$ 并延长交 e' 与 OX 轴的垂线的延长线于 e,连接 efg 即为所求(图 1-39)。

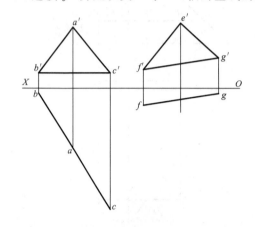

图 1-38 题 1-10   图 1-39 题 1-10 解

 1-11 求平面三角形 ABC 对 V 面的夹角 β(图 1-40)。

分析:要求对 V 面的夹角,只需将三角形变换为铅垂面,在新投影面体系中,铅垂面的积聚性投影与新投影轴的夹角即为所求。

作图过程或作图要点说明:

(1)在三角形 ABC 上求作正平线 BD(两面投影为 bd,$b'd'$);

(2)选择 H_1 面垂直于 $b'd'$,作 O_1X_1 垂直于 $b'd'$;

(3)三角形 ABC 在 H_1 面的投影 $a_1b_1c_1$ 与 O_1X_1 的夹角 β 即为所求(图 1-41)。

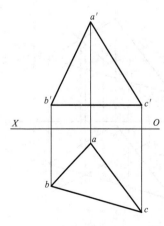 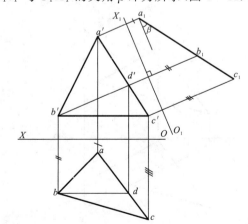

图 1-40 题 1-11   图 1-41 题 1-11 解

点、直线和平面的投影 第一章

◀ **1-12** 作等腰三角形 ABC 的投影图,已知一腰为 AB,底边在直线 BM 上(图1-42)。

分析:等腰三角形底边上的高和中线重合,因为底边在直线 BM 上,可以利用直角投影定理来求解,这里要先将底边所在的直线 BM 先变换成投影面的平行线才能使用直角投影定理,AK 为三角形底边上的高,也是三角形的中线,依次根据投影定比性可以求出三角形底边的投影(图1-43)。

作图过程或作图要点说明:略。

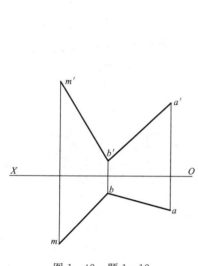

图1-42 题1-12

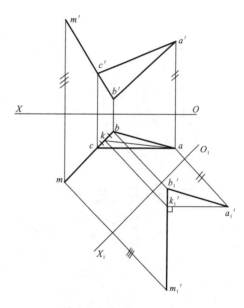

图1-43 题1-12解

◀ **1-13** 求两交叉直线 AB 和 CD 的距离,并将其两面投影位置表现出来(图1-44)。

分析:两交叉直线间的距离即为它们的公垂线的长度。若两交叉直线之一成为投影面的垂直线,则公垂线 EF 必平行于新投影面,在该投影面上的投影能反映实长,而且与另一直线在新投影面上的投影互相垂直。

作图过程或作图要点说明:

(1)把直线 AB 经过两次变换成为新投影面的垂直线,其在 H_2 面上的投影积聚为 a_2(b_2)。直线 CD 随之变换,在 H_2 面上的投影为 c_2d_2。

(2)从 $a_2(b_2)$ 作 $e_2f_2 \perp c_2d_2$,e_2f_2 即为公垂线 EF 在 H_2 面上的投影,它反映直线 AB、CD 间的距离实长。

(3)由 f_2 求出 f_1',此时 $e_1'f_1' /\!/ O_2X_2$ 轴,所以可以求出 e_1'。

(4)由 $e_1'f_1'$ 求出 ef 与 $e'f'$(图1-45)。

21

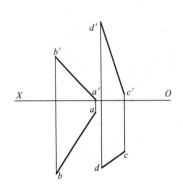

图 1-44 题 1-13

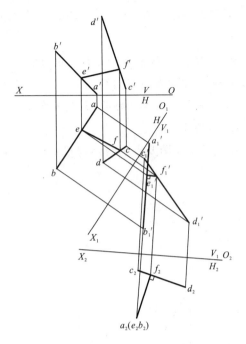

图 1-45 题 1-13 解

第二章 立体、截交线和相贯线

第一节 知识要点精讲

一、基本体及其表面点和表面线

按照一定规则形成的简单立体称为基本体。

机器零件无论其形状如何复杂,都可看成是由棱柱、棱锥、圆柱、圆锥、圆球、圆环等基本体按一定方式组合而成的。如图 2-1 所示是由基本体组合而成的机件。根据基本体在机件中所起的作用不同,常加工成带切口、穿孔等结构的基本体。

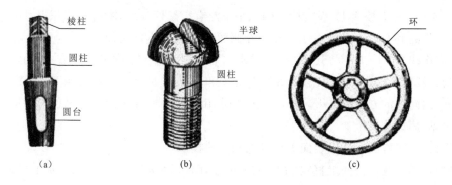

图 2-1 机件表面的几何形状

按表面性质的不同,基本体通常分为平面立体和曲面立体两类。这里主要需要了解立体的投影及立体表面取点、取线的作图方法。

1. 平面立体及其表面点和表面线的投影

平面立体是由平面围成的,平面立体上相邻两表面的交线称为棱线。常见的平面立体有棱柱和棱锥。棱柱由两个形状、大小相同且平行的顶、底面和若干个矩形棱面围成。

作棱柱的三面投影时,首先画有积聚性的投影,然后按投影关系,完成其他两面投影。

先来看看棱柱表面上如何取点和取线。在图 2-2 中,由于棱柱表面都处在特殊位置,所以棱柱表面上点的投影均可利用平面投影的积聚性来作图。在判断可见性时,若该平面处于可见位置,则该面上点的同面投影也可见,反之为不可见。对有积聚投影的平面上的点的投影,不必判断其可见性。

例:设五棱柱的表面上有点 A、B 和线段 CD、DE,且 a'、b'、$c''d''$、$d''e''$ 为已知[图 2-2(a)],试完成它们的其余两面投影。

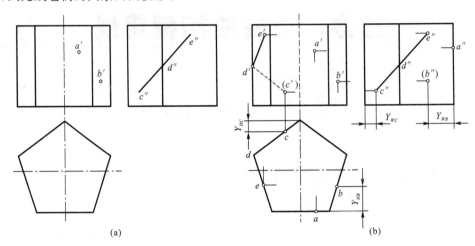

图 2-2 五棱柱面上取点、取线

解:点 A 在五棱柱的前棱面上,由于该面的水平投影和侧面投影均有积聚性,可直接求得 a、a'';点 B 在右棱面上,而右棱面的水平投影有积聚性,故作图时利用积聚性先求 b,再根据 $Y_{HB}=Y_{WB}$ 和 b' 求得 b''。由于右棱面在侧面投影上为不可见面,故 b'' 为不可见(加括号表示)。求作线段 CD、DE 的其余投影,需求出各线段两端点的投影,然后把同面投影相连。图中处在棱线上的点 D 可根据 d'' 直接求得 d' 和 d;点 C 的两面投影可由 $Y_{WC}=Y_{HC}$ 确定 c 后再求 c',用同样的方法可求得 e 和 e'。连线时,由于 CD 所在棱面的正面投影不可见,故 $c'd'$ 为不可见,用虚线表示。

下面,再来看看在棱锥表面如何求点和线的投影。

例:已知三棱锥表面上直线 HM、MN 的正面投影 $h'm'$、$m'n'$,试求其水平投影和侧面投影(图 2-3)。

解:由题设 $h'm'$ // $a'b'$,且 AB 为水平线,故直线 HM 为棱面 SAB 上的水平线,即 HM // AB。MN 为棱面 SBC 上的一般位置直线,点 M 在棱线 SB 上,必须作辅助线求点 N 的其余投影。

作图步骤:

(1) 由于点 M 在棱线 SB 上,根据 m',先求出 m'' 后再求得 m;

(2) 在水平投影上作 hm // ab,在侧面投影上作 $h''m''$ // $a''b''$;

(3) 在棱面 SBC 上作辅助线 SD 确定点 N 的水平投影 n 和侧面投影 n'';

(4) 分别连接点 M、N 的水平投影 mn 和侧面投影 $m''n''$;

(5) 判别可见性,因棱面 SBC 的侧面投影不可见,故 $m''n''$ 亦不可见,应连虚线,如图 2-3(b)所示。

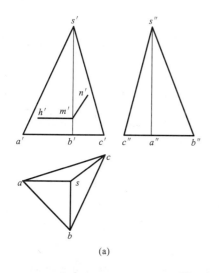
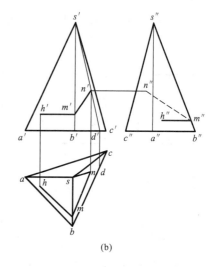

图 2-3 三棱锥表面上取线

2. 曲面立体及其表面点和表面线的投影

曲面立体是由曲面或曲面和平面围成的,常见的曲面立体有圆柱、圆锥、圆球和圆环。这些曲面都是由母线(直线或圆)绕某一轴线旋转而成的,所以又称为回转体。常见的四种回转面的形成方式见表 2-1。

表 2-1 四种回转面的形成方式

圆柱面	圆锥面	圆球面	圆环面

先来看看圆柱表面上如何取点和取线。当圆柱面的回转轴线垂直于某一投影面时,则圆柱面在该投影面上的投影具有积聚性,利用这一投影性质,在圆柱面上取点、取线的作图比较简便。

例:已知从属于圆柱面上点 K 的正面投影,试求其他两个投影(图 2-4)。

解:由于 (k') 不可见,故点 K 在圆柱面后半部,又因圆柱面的水平投影有积聚性,故点 K 的水平投影 k 必落在后半圆周的水平投影上。根据 (k') 及 k 即可求出 k'',由于点 k 又在圆柱面左半部,故其侧面投影 k'' 为可见。

例:补画圆柱的侧面投影,并求作圆柱面上线段 ABC 的其余两面投影[图 2-5(a)]。

分析:线段 ABC 是前半个圆柱面上的一段曲线,点 A 和点 B 分别在圆柱的最左、最前素线上,处于特殊位置,点 C 处在圆柱面上的一般位置。

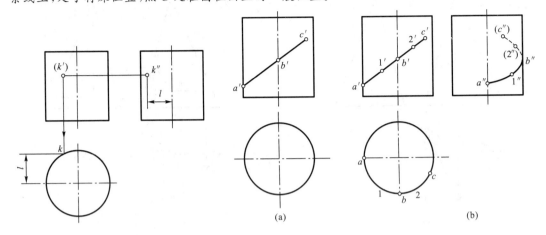

图 2-4 圆柱面上取点　　　　图 2-5 求作圆柱面上线段 ABC 的其余两投影

作图步骤:

(1)补画圆柱的侧面投影;

(2)点 A、点 B、点 C 的水平投影均积聚在圆周上,根据点的投影规律分别确定其水平投影和侧面投影;

(3)为使作图更准确,需在曲线 ABC 上取若干点(如点 1、点 2),并求出相应的水平投影和侧面投影;

(4)区分可见性,依次光滑连点成线,如图 2-5(b)所示。

对于圆锥面来说,其投影没有积聚性,故在圆锥面上取点、取线,必须通过在圆锥面上作辅助线的方法求解。既可过锥顶作直素线为辅助线,也可作纬圆为辅助线。

例:已知圆锥面上点 K 的正面投影 k′[图 2-6(a)],试求其他两处投影。

解:具体作法如下。

过锥顶的素线法[图 2-6(b)]:

(1)由锥顶 s′过 k′作直线 s′k′并延长交底圆的投影于 e′;

(2)求出点 E 的水平投影 e,并连接 se;

(3)按点的投影规律在 se 上作点 K 的水平投影 k;

(4)根据 k′和 k 便可求得 k″。

辅助纬圆法[图 2-6(c)]:

(1)过 k′作直线垂直于轴线的投影且与外形线相交于 e′,与轴线的投影相交于 o′,则 o′e′ 为辅助纬圆的半径;

(2)在水平投影中,以 o 为圆心,o′e′为半径画圆,即是辅助纬圆的投影;

(3)根据 k′在辅助圆周上即可得 k;

(4)由 k′和 k,便可做出侧面投影 k″。

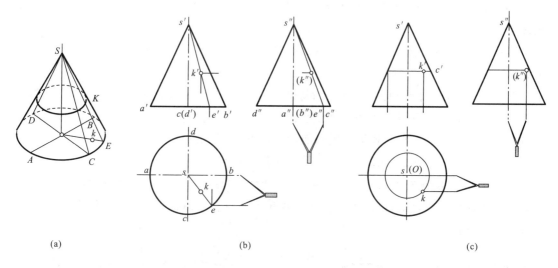

图 2-6 圆锥面上取点

例：已知圆锥面上曲线 AE 的正面投影 $a'e'$（图 2-7），试求其他两面投影。

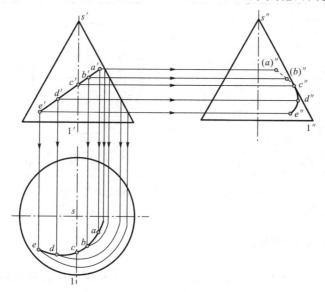

图 2-7 圆锥面曲线的投影

解：将曲线 AE 看成由 n 个点（如 5 个点）组成，由于 $a'e'$ 可见，故曲线 AE 在圆锥前半部。

作图：利用辅助纬圆法分别求出 A、B、C、D、E 五个点的其他两面投影，然后依次连接成光滑曲线，点 $C(c, c', c'')$ 属于圆锥面的左视转向线 $S1$，c'' 在 $s''1''$ 上，点 C 把曲线分成两部分，曲线 CE 在圆锥面的左半部分，其侧面投影 $c''e''$ 为可见，画成粗实线；曲线 AC 在圆锥面的右半部分，其侧面投影 $a''c''$ 不可见，画成虚线，因此 c'' 是曲线侧面投影可见与不可见部分的分界点。

在圆球面上取点时,通常只能在球面上作辅助纬圆,即可分别做出平行于3个投影面的圆。

例：已知半球面上点A及线段BC、CD的正面投影,补画半球的水平投影,并求点、线的其余两面投影[图2-8(a)]。

解：点A是主子午线上的点,此点为特殊点,可直接求得其余两投影。线段BC是球面上平行于赤道圆的一段圆弧,其水平投影仍是一段圆弧,侧面投影是一段直线;线段CD是圆球面上倾斜于水平投影面和侧立投影面的一段圆弧,其水平投影和侧面投影均为一段椭圆弧;点C是特殊点,可直接求得c和c''。点D属一般点,需通过作辅助纬圆求d和d''。为了作图准确起见,必须在圆弧CD上再取若干一般点(如点1、点2),并采用辅助纬圆法求出它们的其余两面投影,然后依次光滑连线。圆弧CD在右半球面上,其侧面投影为不可见,如图2-8(b)所示。

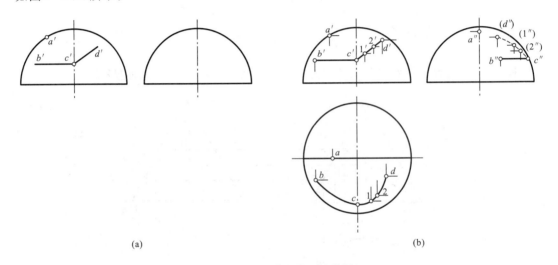

图 2-8 圆球面线段的投影

二、平面与基本体相交

机械零件的结构是多种多样的,但这些机件往往不是单一或完整的基本体,而是由平面与立体相交或立体与立体相交产生的,因此,这些机件表面会产生交线,其中由平面与立体表面相交而产生的交线称为截交线,由立体与立体表面相交而产生的交线称为相贯线,如图2-9所示。

为了清楚地表达出机件的形状,应正确地画出这些交线的投影。

平面与立体相交,即用平面截切立体,这个平面称为截平面,截平面与立体表面的交线称为截交线。

截交线的形状与立体表面性质及截平面与立体的相对位置有关,但任何截交线都具有下列两个基本性质。

(1)封闭性。由于任何立体都占有一定的空间,所以截交线一般为封闭的平面图形。

立体、截交线和相贯线 第二章

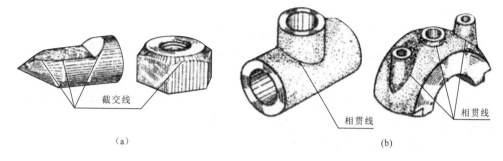

（a） （b）

图 2-9 立体表面的交线

（2）共有性。截交线是截平面和立体表面的共有线，截交线上的点是截平面与立体表面的共有点。

因此，求截交线可归结为求截平面与立体表面的一系列共有点，然后把它们按一定顺序连线即可。

1. 平面与平面立体相交

平面与平面立体相交，即平面立体被平面截切，其截交线是平面多边形，多边形的各边是截平面与立体表面的交线，而多边形的顶点是立体各棱线或底边与截平面的交点，因此平面立体上截交线的求法可归结为求两平面的交线或直线与平面的交点问题。

例：补画被截四棱锥的水平投影和侧面投影[图 2-10(a)]。

解：如图 2-10(a)所示，四棱锥被相交的水平面 Q 和正垂面 P 所截切。水平面 Q 与各棱面的交线的正面投影和侧面投影有积聚性，水平面投影反映实形；P 平面与各棱面的交线在正面投影有积聚性；截平面与各侧棱的交点的投影在各棱的同面投影上。

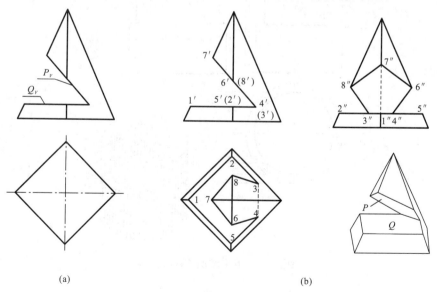

(a) (b)

图 2-10 四棱锥被两平面所截切

作图步骤:

(1) 在正面投影上依次标出各侧棱与截平面的交点 $1'$、$2'$、$3'$、$4'$、$5'$、$6'$、$7'$、$8'$。

(2) 先求平面 Q 截四棱锥的截交线的投影。由点 $1'$ 在俯视图上求点 1,由点 1 作四边形与底面四边形对应边平行可得点 2、5,平面 Q 与平面 P 的交线 34 的投影可由点 $3'$、$4'$ 在俯视图上求得点 3、4;侧面投影点 $1''$、$2''$、$3''$、$4''$、$5''$ 可按投影关系直接求得。同理,可求出平面 P 截四棱锥的截交线的水平投影和侧面投影点 6、7、8 和点 $6''$、$7''$、$8''$。

(3) 判别可见性,依次连接各点的同面投影。

(4) 整理,擦去多余的线,完成作图,结果如图 2-10(b) 所示。

2. 平面与曲面立体相交

平面与曲面立体相交,即曲面立体被平面所截切,其截交线为封闭的平面曲线,或由曲线与直线围成的平面图形或平面多边形,其几何形状取决于曲面立体的形状和截平面与曲面立体的相对位置。

求曲面立体上的截交线,就是要求截平面与立体上各被截素线的交点,可归结为求线面交点的问题。当截平面或被截圆柱面轴线处于垂直于投影面的特殊位置时,可利用投影的积聚性求出截交线的投影,而在一般的情况下则需要通过作辅助平面才能求出截交线的投影。

例:求被截圆筒的水平投影和侧面投影(图 2-11)。

解:圆筒的上部开有一方槽,截平面 Q 为侧平面,平面 Q 截圆筒的交线为直线;截平面 P 为水平面,平面 P 截圆筒的交线为圆弧;平面 P、Q 彼此相交于直线段。

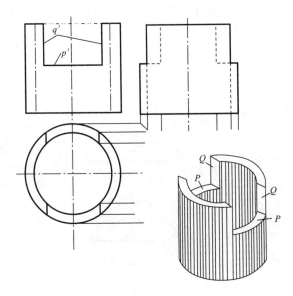

图 2-11 开方槽圆筒的截交线

作图步骤：

(1)先画出完整圆筒的水平投影和侧面投影，再求切口的投影。由方槽的正面投影，先作方槽的水平投影，然后再由正面投影和水平投影做出方槽的侧面投影。

(2)判别可见性，并整理轮廓线，擦去多余的线，完成作图。

例：补绘圆锥切口的水平投影和侧面投影[图 2-12(a)，图 2-12(b)]。

解：如图 2-12(b)所示，圆锥被正垂面 Q 和水平面 R 截切，平面 Q 通过锥顶，截交线是两条过锥顶的直线段；平面 R 的截交线是圆弧，平面 Q 与平面 R 的交线为正垂线 CB。

作图步骤[图 2-12(c)]：

(1)作平面 Q 的截交线。延长 Q_V 与底面正面投影相交，得过锥顶的素线 SⅠ、SⅡ 的正面投影 $s'1'$、$(s'2')$ 由 $s'1'$、$(s'2')$ 求出 $s1$、$(s2)$ 和 $s''1''$、$(s''2'')$，点 B、C 分别在 SⅠ、SⅡ 上，由点 b'、(c') 可得点 b、c 和点 b''、c''。

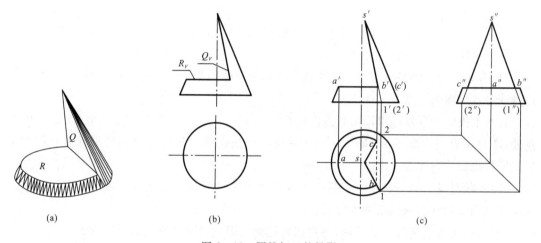

图 2-12　圆锥切口的投影

(2)作平面 R 的截交线。以 s 为圆心、sb 为半径画出交线圆弧的水平投影 cab；截交线的侧面投影积聚为一直线段。

(3)判别可见性，并整理，擦去多余的线，完成作图，结果如图 2-12(c)所示。

平面与圆球相交，即用平面截切圆球面，不论截平面处于任何位置，截交线都是圆。但根据截平面对投影面的相对位置不同，截交线的投影可以是直线段、圆或椭圆。当截平面平行于投影面时，截交线在该投影面上的投影反映实形，是圆；当截平面垂直于投影面时，截交线在该投影面上的投影积聚成一条直线段，线段长为截交线圆的直径；当截平面倾斜于投影面时，截交线在该投影面上的投影为椭圆。

例：求被截切球面的正面投影和侧面投影(图 2-13)。

解：如图所示，球面被铅垂面 P 所截切，截平面 P 与球面的交线在 H 面上的投影积聚在 P_H 上。因为截平面倾斜于正立投影面和侧立投影面，所以截交线的正面投影和侧面投影均为椭圆，可分别求出它们的长、短轴后做出。

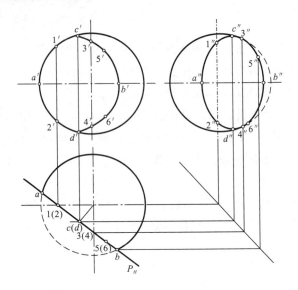

图 2-13 球面截交线的求法

作图步骤：

(1) 求截交线上的特殊点。这些特殊点分别为椭圆的长、短轴端点 A、B、C、D，以及转向轮廓线与截平面的交点 1、2、3、4。

在水平投影上直接标出以上各点的投影 a、b、c、d、1、2、3、4，其中点 c、d 在线段 ab 的中点处，C、D 两点的投影 c'、d' 和 c''、d'' 可用辅助纬圆法求得。其他各点的投影可由它们的水平投影按投影关系直接求出。

(2) 求截交线上的一般点。在截交线有积聚性的水平投影上选取一般点 Ⅴ、Ⅵ，用辅助纬圆法分别求出它们的其余两面投影。

(3) 依次光滑连接各点的投影，并判别可见性。图中所求截交线的投影均为可见。

(4) 整理轮廓线，正面投影的轮廓应画到点 $1'$、$2'$ 为止，侧面投影的轮廓应画到点 $3''$、$4''$ 为止。

3. 带切口的基本体综合分析

在生产实际中，带有切口的基本体的机件经常遇到，如被切去一整块或被切槽、钻孔等。为此，结合前面介绍的基本体截切的相关知识，现对带切口的基本体做一个综合归纳。

1) 带切口的棱柱

图 2-14 为一个带切口的四棱柱，其切口被侧平面 R 和水平面 T 切割而成。平面 R 与棱柱的前、后棱面的交线为矩形的对边，平面 T 与棱柱各棱面相交，其交线与底面各边对应平行。作图时，先作反映切口特征的正面投影，然后求作切口的水平投影，最后按投影对应关系完成侧面投影。

2) 带切口的棱台

图 2-15(b) 为一个带切口的四棱台，其中间的通槽被两个侧平面和一个水平面切割而成。平面 R 与前后棱面的交线为等腰梯形的两腰，平面 T 与前后棱面的交线为一矩形的对边。作图时，先作反映切口特征的正面投影，然后求作切口的侧面投影，再由 $Y_W = Y_H$ 完成

水平投影,其三面投影如图 2-15(a)所示。

3)带切口的圆柱

如图 2-16(b)所示,圆柱左上角的切口由一侧平面 P 和一水平面 Q 切割而成。侧平面 P 与圆柱面相交得两条直线 AA_1、BB_1,水平面 Q 与圆柱面相交得圆弧 A_1B_1。

在投影图中,关键是如何求出交线 AA_1 和 BB_1 的侧面投影。从图 2-16(a)可见,切口的特征(或位置)通过正面投影表示出来,据此利用圆柱面水平投影的积聚性便能求出交线的水平投影 $a(a_1)$、$b(b_1)$,以中心线为基准,按"宽相等"的投影关系便可确定交线的侧面投影。

图 2-17(b)为带切口的圆筒,其切口由水平面及侧平面切割圆筒而成,可先作圆筒的投影,然后做出反映切口特征的正面投影,最后按投影规律做出切口的水平投影和侧面投影[图 2-17(a)]。

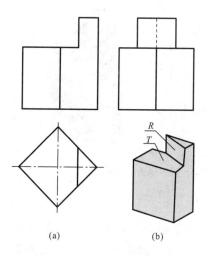

图 2-14 带切口的四棱柱

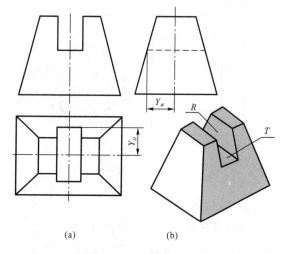

图 2-15 带切口的棱台

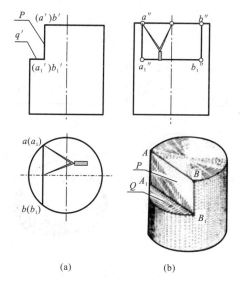

图 2-16 带切口的圆柱

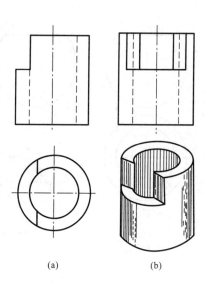

图 2-17 带切口的圆筒

图 2-18 为带切口的半圆筒，各切割平面与圆筒内外表面均相交并产生交线，应分别求出。

图 2-19 为一接头的三面投影及立体图，图中各表面交线的求法与图 2-16 中交线的求法基本相同，所不同的是接头上部中间开槽后，此部分圆柱的最前、最后素线被切去了，因此，在侧面投影中，图形上部前、后的最外轮廓线为槽壁与圆柱面的交线的投影。

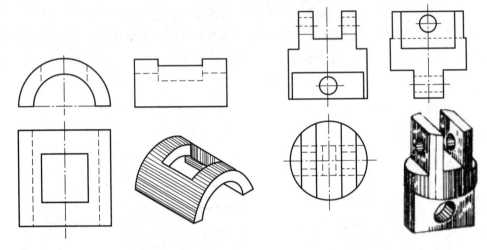

图 2-18 带切口的半圆筒　　　　　图 2-19 接头的三面投影

4）带切口的圆球

圆球被任何位置平面切割时，其交线是圆。切割平面与球心的距离 h 不同，交线圆的直径大小也不相同。h 越小，交线圆的直径越大；反之，交线圆的直径越小。当切割平面为某投影面的平行面时，则交线在该投影面的投影反映圆的实形，如图 2-20 所示。

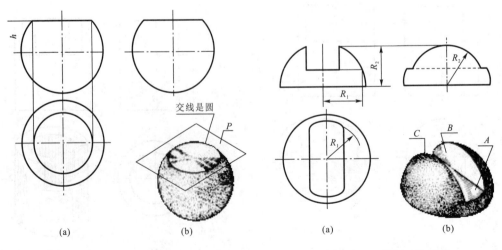

图 2-20 平面切圆球　　　　　图 2-21 带切口的半球

图 2-21(b)为上部开槽的半球,这个槽由一个水平面和两个侧平面切割而成。作图时应注意交线圆半径的量取位置。

4. 平面与任意回转面相交

平面与任意回转面相交,一般情况下截交线为对称的平面曲线,当截平面垂直于回转曲面的轴线时,截交线是圆。

例:求正平面与任意回转面的截交线(图 2-22)。

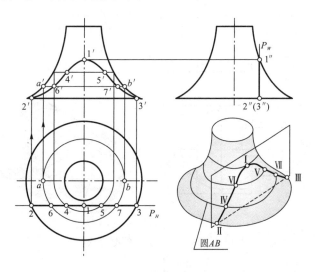

图 2-22 任意回转面的截交线

解:由图可知,该立体是轴线垂直于水平面的任意回转面,截交线的水平投影积聚在 P_H 上,侧面投影积聚在 P_W 上,故只需求出截交线的正面投影。

(1)求截交线上的特殊点。最高点 1 和最低点 2、3 的正面投影 1′、2′、3′可由投影关系直接求出。

(2)求截交线上的一般点。在侧面投影的 P_W 上取一般点 4″(5″)、6″(7″),利用辅助纬圆法求出点 4、5、6、7,再利用投影关系求出点 4′、5′、6′、7′。

(3)光滑连接各个点的投影并判别可见性。由图可知截交线的正面投影全部可见。

5. 平面与组合体相交

平面与组合体相交,即组合体被平面截切,其截交线一般是由若干段几何性质不同的直线或曲线围成的平面图形,每一段截交线的几何形状由所属基本体的性质及其与截平面的相对位置而定。因此,为了正确地画出组合体表面的截交线,首先必须进行形体分析,找出各基本体之间的分界线,然后分别求出这些基本体的截交线,并依次将其连接即可。

例:求作磨具顶针的截交线(图 2-23)。

分析:如图 2-23 所示,磨具顶针是由同轴的圆锥、小圆柱和大圆柱组成,且轴线垂直于侧面。

　　水平截平面 Q 截圆锥的交线为双曲线,截圆柱面的交线为直线;正垂截平面 P 与大圆柱的轴线斜交,其交线为部分椭圆。平面 P、Q 的正面投影及平面 Q 的侧面投影均为有积聚性的直线段,圆柱面的侧面投影有积聚性,故截交线的正面投影和侧面投影为已知,只需求作交线的水平投影。

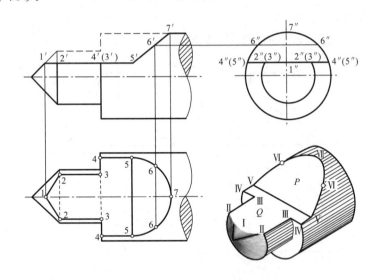

图 2-23　磨具顶针的截交线

　　解：在正面投影和侧面投影中分别标出点 1、2、3、4、5、6、7 的投影,再利用投影关系求出它们的水平投影。

三、立体与立体相交

　　立体与立体相交,在立体表面产生的交线称为相贯线,如图 2-24 所示。根据立体表面的性质,两立体相交可分为三种情况:①两平面立体相交;②平面立体与曲面立体相交;③两曲面立体相交。前两种情况就是求平面与平面立体或曲面立体的截交线问题。这些在前面都已经叙述过,这里不再讨论,下面着重介绍两回转体相交时相贯线的性质及作图方法。

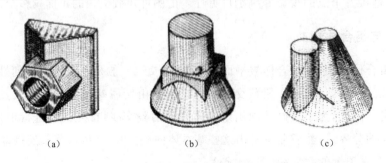

图 2-24　两回转体相交时的相贯线

两回转体相交时具有以下性质:

(1)封闭性相贯线一般为封闭的空间曲线,特殊情况下是平面曲线或直线。

(2)共有性相贯线是两立体表面的共有线,相贯线上的点是两立体表面的共有点。

因此,求相贯线的问题其实就是求线面交点或面面交线的问题。

求回转体的相贯线的方法有利用积聚性表面取点法和辅助平面法等。

1. 利用积聚性表面取点法求相贯线

当相交的两回转面中,只要有一个是轴线垂直于投影面的圆柱面时,相贯线在该投影面上的投影与圆柱面的积聚性投影重合,因此相贯线的这个投影就是已知的。这时相贯线可视为另一回转体表面上的曲线,可利用表面取点法求出相贯线的其余投影。作图步骤如下:

(1)求特殊点。相贯线上的特殊点主要是转向轮廓线上的点和极限位置点。

(2)求一般点。在有积聚性的相贯线投影上任取一般点,再求出其另外两面的投影。

(3)判别可见性,依次光滑连接各点。判别相贯线投影可见性的原则是只有同时位于两立体可见表面的相贯线才是可见的。如果相贯线前后对称,则其正面投影虚线和实线重合。

2. 用辅助平面法求相贯线

当相交的两个回转体的投影没有积聚性,它们的相贯线不能用表面取点法作图时,可采用辅助平面法。所谓辅助平面法就是根据三面共点的原理,利用辅助平面求出两回转体表面上的若干共有点,从而求出相贯线的投影方法,如图 2-25 所示。

为了作图简便,选择辅助平面时应遵守以下原则,即所选择的辅助平面与两回转体的截交线的投影是最简单的直线或圆。

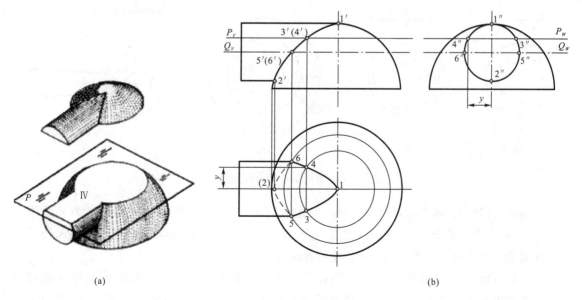

图 2-25 圆柱与半圆球相交

图 2-25 为圆柱与半圆球相交，由于圆柱的轴线垂直于侧立面，相贯线的侧面投影积聚在圆周上，为已知，故只需求作相贯线的正面投影和水平投影。根据辅助平面的选择原则，在此选择水平面为辅助平面，具体作图步骤如下：

（1）求特殊点。由侧面投影可知，点 1、2、5、6 分别是相贯线上的最高、最低和最前、最后点。由点 1″、2″ 可直接求出点 1′、2′ 和点 1、2；点 Ⅴ、Ⅵ 的投影，可利用辅助平面法求出，过点 5″、6″ 作水平辅助平面 Q，平面 Q 与圆柱面相交于最前、最后两条素线，与圆锥面相交于一水平纬圆，它们的水平投影的交点就是点 5、6，再根据点 5、6 在 P_V 上求出点 5′、(6′)。

（2）求一般点。在侧面投影的适当位置作辅助水平面 P，平面 P 与圆柱面相交于两条素线，与圆锥相交于一水平纬圆，它们的水平投影的交点就是点 Ⅲ、Ⅳ 的水平投影点 3、4，再根据点 3、4 在 P_V 上求出点 3′、(4′)。

（3）判别可见性，并光滑连接各点。在俯视图中，位于圆柱上半部的相贯线可见，位于圆柱下半部的相贯线不可见，故点 6、4、1、3、5 可见，连成实线，点 5、(2)、6 连成虚线，可见与不可见的分界点为点 5、6。相贯线前后对称，因此相贯线的正面投影前后重合，用实线画出。

下面讨论相贯线的特殊情况。

两同轴回转面的相贯线是垂直于轴线的圆。当它们的轴线平行于某投影面时，相贯线在该投影面上的投影积聚为垂直于轴线的直线段，如图 2-26 所示。

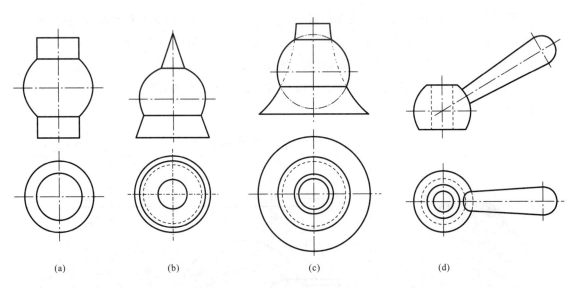

(a)　　　　　　(b)　　　　　　(c)　　　　　　(d)

图 2-26　两同轴回转面的相贯线

综合之前所述，本章重点介绍如何利用立体表面的积聚性投影、辅助平面法等常用的作图方法，求出属于截交线、相贯线上的点，进而求出截交线、相贯线的对应投影。同时阐述了立体表面上的点在 3 个投影图中可见性的判断等。

可以看出，本章是在前一章点、直线和平面投影的基础上，进一步对空间基本体、平面截切基本体以及基本体与基本体相交所产生的基本体表面交线的变化进行分析讨论，强调根据解题投影结果想象出物体的空间形状，为后续学习奠定坚实的基础。

归纳本章的习题,主要内容包括:

(1)用投影图表达立体;

(2)根据立体的投影图,在立体表面取点、取线的方法;

(3)直线与立体相交,交点——立体表面贯穿点的求法;

(4)平面与立体相交,交线——截交线的求法;

(5)立体与立体相交,交线——相贯线的求法。

第二节 解题方法归纳

1. 立体的投影

应能根据所给的立体投影图,判断为何种立体。再根据 3 个投影图的基本性质补画出其他投影图。

2. 立体表面取点、取线

取点:若立体某些表面在某一投影面的投影具有积聚性,如圆柱面或棱柱面,可以利用投影的积聚性直接在立体表面上取点。若没有积聚性,可以通过在立体表面上作辅助线,然后在所作的辅助线上取点。根据点在线上,点的投影在线的同面投影上的性质,求出点的三面投影。由于所取的点属于立体表面上的一条线,因此,所取的点一定是立体表面上的点。为方便作图起见,这些用于找点的辅助作图线一般应为直线或圆。

取线:首先在立体表面上取点(线段的端点或线段通过的点),应特别注意那些属于所取线段并处在立体表面某些特殊位置的点,然后连线。连线时要分清所连的线是直线还是曲线,如果是曲线,依顺序光滑连接所取各点。同时还要进行可见性判别(立体表面某些特殊位置点往往也是可见和不可见的分界点),不可见的点应当用括号括起来,不可见的线须用虚线绘制。

3. 截交线

截交线上的所有点均为立体表面和截平面所共有,求截交线的方法可归结为求平面与立体表面的共有点。截交线上的所有特殊点,应尽可能求出。

(1)当截平面垂直于某一投影面时,截交线在该投影面上的投影必定属于截平面的积聚性投影,截交线的另外两投影可利用立体表面取点的方法,求出属于截交线上的一系列点,然后连接成折线或光滑曲线。同时判别可见性,可见和不可见的分界点是截交线上的特殊点,必须求出。

(2)当立体某些表面的某一投影具有积聚性时,截平面与其相交所得截交线在该投影面上的投影属于该立体表面的积聚性投影,另外两投影可利用在立体表面取点或平面上取点的方法求出属于截交线上的一系列点,然后连成折线或曲线。同样要注意区分可见性。

(3)若截平面与立体表面的投影均无积聚性,则可以选用一定数量的辅助截平面,利用两立体表面、截平面三面共点的原理求得一系列共有点,然后连成线即为所求。

4. 相贯线

由于相贯线上的所有点均为两立体表面上的共有点,相贯线为两立体表面的共有线,基本方法仍然是求出共有点。同样,应尽可能求出相贯线上的所有特殊点。

(1)当相交两立体中至少有一个立体某些表面的投影具有积聚性时,则相贯线的一个投影是已知的,就在此积聚性投影上,另外两投影可利用表面取点法求出属于相贯线上的若干个点,然后依次光滑连线。此时注意区分可见性,可见和不可见的分界点是相贯线上的特殊点,必须求出。

(2)若相交两立体表面的投影都没有积聚性时,可以采用辅助平面法,利用前面所述的三面共点的原理求出若干个共有点。一般辅助面为平面,辅助平面截两立体所得的交线应为圆、直线或投影为圆、直线。辅助平面与两立体表面相交所得的两条截交线的交点即为相贯线上的点;在求得一系列共有点后,依次光滑连线,并区分可见性。

截交线、相贯线的作图步骤如下:

(1)分析相交的平面或立体所处的空间位置。

(2)确定求共有点的方法。

(3)求共有点。尽可能求出所有的特殊点,然后再求出若干个一般点。

(4)确定交线的性质并连线。如果是直线,直接连接线段两端点;如果是曲线,则依顺序光滑连接各共有点。

(5)判断可见性。若交线所在的相交两表面均可见,则交线可见,反之交线不可见。

(6)整理平面或立体的边界线或轮廓线。注意:穿入立体内部的边界线或轮廓线此时就不存在了,所以不用被画出;被遮住的边界线、轮廓线为不可见,应画成虚线;可见的边界线、轮廓线用粗实线画出。

第三节 典型题解答

 2-1 求作圆球的水平投影,并补画圆球面上线段 AC 的其他投影(图 2-27)。

分析:点 A 在前后转向轮廓圆上,点 C 在左右转向轮廓圆上,它们的其他投影位于对应的中心线上,可直接求出。AC 为一段圆弧,其水平投影和侧面投影均为椭圆。除点 A、C 之外,点 2 属于上下转向轮廓圆上的点,也是一个特殊点,应该首先找出。其他各点(如点 1、3)都是利用辅助纬圆分别求出,并区分可见性(水平投影中点 2、3,c 为不可见),光滑连接即可(图 2-28)。

作图过程或作图要点说明:略。

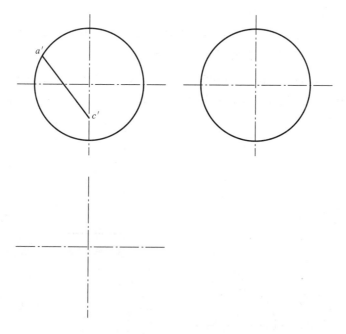

图 2-27 题 2-1

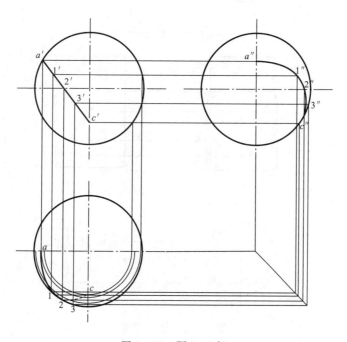

图 2-28 题 2-1 解

2-2 补画圆柱切割后的正面投影,并画全水平投影(图 2-29)。

分析: 圆柱被两平面截切,一为正平面,一为侧垂面。正平面与圆柱面相交,所得交线为两条平行于轴线的线段,与圆柱顶圆相交于一侧垂线;侧垂面与圆柱面相交,所得交线为一段椭圆弧。两截平面的交线是侧垂线。

作图过程或作图要点说明：正平面与圆柱面相交，所得交线的水平投影积聚为一段线，可直接求出，再由投影对应关系做出正面投影；侧垂面与圆柱面相交，所得交线的水平投影积聚在圆上，根据投影对应关系，求出椭圆上若干个点的正面投影，然后依次光滑连接各点，画出它们的正面投影。注意完善正面投影中的转向轮廓线上的点(图 2-30)。

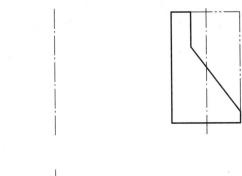

图 2-29 题 2-2

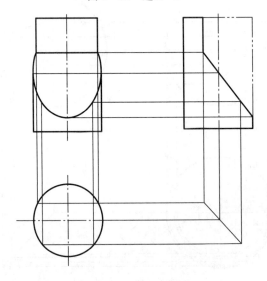

图 2-30 题 2-2 解

◀ 2-3 补画圆球切割后的侧面投影，并画全其水平投影(图 2-31)。

分析：圆球被两个平面截切，分别是正垂面和侧平面，所得截交线都是圆，其投影应是椭圆和圆。两个截平面的交线是一条正垂线。

作图过程或作图要点说明：首先作正垂面与球面的截交线，求出截交线上的特殊点，然后再求若干个一般点,并依次光滑连线,得到部分椭圆;再求侧平面和球面的截交线,分别在相应的投影面上做出部分圆周;求出两截平面的交线,并区分截交线的可见性;最后完善轮廓线(图2-32)。

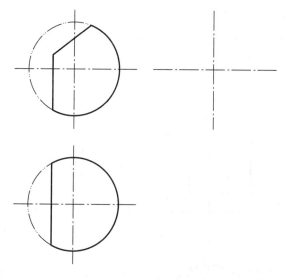

图2-31 题2-3

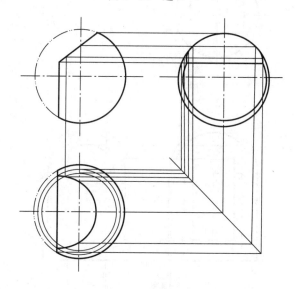

图2-32 题2-3解

2-4 由球和圆柱组成的复合体开有两个方孔,补画侧面投影,画全正面投影和水平投影(图2-33)。

分析: 两方孔分别为竖放和前后水平放置。在球、柱复合体上开方孔,实质是用组合平面来截切球、柱。竖放方孔由两对称的正平面、侧平面组成,且只与球面相切,交线为两两对称的圆弧(投影图中两两重叠);前后水平放置的方孔由上下两水平面和对称的两侧平面组成,与球和圆柱均相交,所得的交线是圆弧和直线。

作图过程或作图要点说明:首先补画出竖放方孔截切后所得的圆弧曲线的正面投影和侧面投影,各为一段圆弧,同时区分方孔棱边的可见和不可见部分,分别用粗实线和虚线画出;再作前后水平放置的方孔截切后所得的圆弧和直线;水平投影两段圆弧(一段与圆柱的投影重叠),侧面投影两段圆弧相切于两段直线(对称),同时区分方孔棱边的可见或不可见的部分,分别用粗实线和虚线画出(注意:该方孔被竖放方孔截断成前后两部分);最后完善轮廓线(图2-34)。

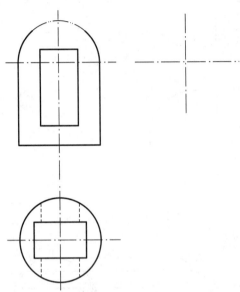

图2-33 题2-4

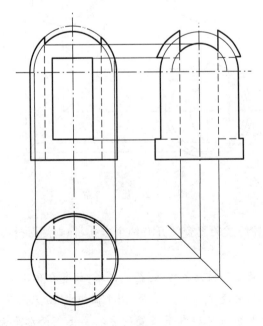

图2-34 题2-4解

2-5 在六棱柱上挖通一四棱柱孔,试完成其侧面投影(图 2-35)。

分析: 在六棱柱上挖通一完整的四棱柱孔,相当于六棱柱与一四棱柱孔相贯,要求先找出有关棱线与平面体表面的贯穿点,再顺次连线完成相贯线的投影。该相贯线为空间折线。

作图过程或作图要点说明:补画六棱柱的侧面投影,再作四棱柱孔与其的相贯线。找出相关棱线的贯穿点,即六棱柱上前后 4 条棱线与四棱柱面的贯穿点,如点 A、D、G、F(前两条棱线上),四棱柱上 4 条棱线与六棱柱面的贯穿点,如点 B、C、H、E(在六棱柱的前 3 个棱面上);顺次连线:$A-B-C-D-E-F-G-H-A$,即得到前面相贯线的投影。后面相贯线与其对称。最后由于四棱柱是一个虚体,不可见棱面和棱线要画出虚线,穿孔后去掉的棱线、棱面不画(图 2-36)。

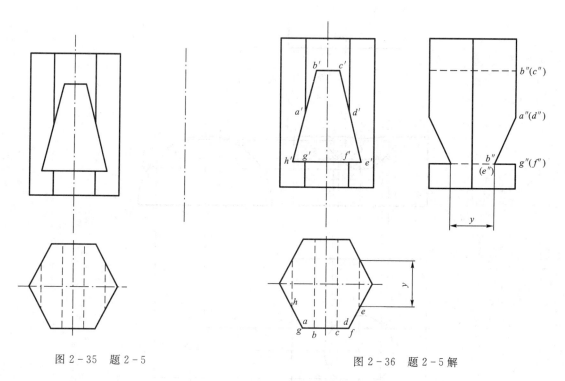

图 2-35 题 2-5   图 2-36 题 2-5 解

2-6 求圆柱孔与半圆柱面表面交线的正面投影(图 2-37)。

分析: 圆柱孔的轴线为铅垂线,半圆柱的轴线为侧垂线,由于圆柱投影具有积聚性,因此所求相贯线的水平投影为该圆柱孔的积聚性投影圆,侧面投影为半圆柱面的积聚性投影半圆上的一段圆弧,均已知。正面投影只需找对应点并连线即可获得。

作图过程或作图要点说明:求相贯线上一系列点的正面投影,首先求特殊点,如 1、2、3、4、5、6 六点的正面投影点 $1'$、$2'$、$3'$、$4'$、$5'$、$6'$;再求一般点,如 7、8 两点的正面投影点 $7'$、$8'$,最后光滑有序连线(图 2-38)。

2-7 分析相交三立体,补画侧面投影及在 V、H 面两投影中所缺的图线(图 2-39)。

分析: 这是一共轴的圆柱、圆锥台与一轴线为侧垂线的圆柱相交立体。共生成了 3 条相

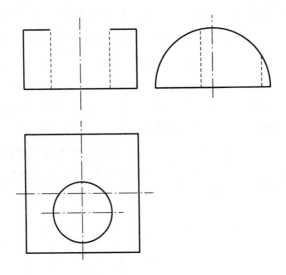

图 2-37 题 2-6

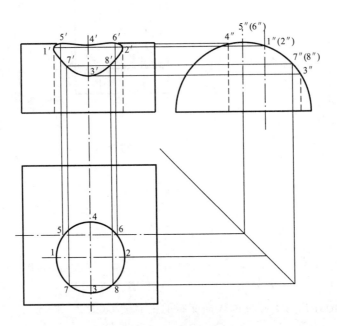

图 2-38 题 2-6 解

贯线:共轴的圆柱与圆锥台的交线就是圆锥台的上底圆,可直接画出;轴线为侧垂线的圆柱与共轴的圆柱、圆锥台的交线均为空间曲线且前后对称。由于与圆锥台共轴圆柱的水平投影和轴线为侧垂线的圆柱的侧面投影有积聚性,因此都可以利用在圆锥台或圆柱表面上取点的方法求出。

作图过程或作图要点说明:首先画出侧面投影,由于轴线为侧垂线的圆柱在侧面投影中有积聚性,三段相贯线中的两段积聚在圆上,而共轴圆柱与圆锥台的交线积聚为一水平面上的线。然后,求出圆柱与圆柱、侧立圆柱与圆锥台相贯线上若干个点,并依次序光滑连线各点的同面投影,判断可见性,不可见部分用虚线画出。最后完善轮廓线(图2-40)。

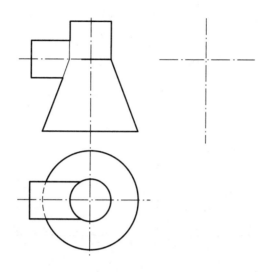

图2-39 题2-7

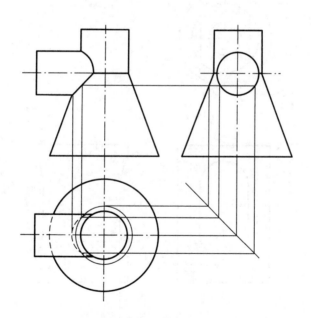

图2-40 题2-7解

2-8 补画侧面投影中漏画的图线(图2-41)。

分析: 圆柱在同轴方向上钻有大小不同的两个台阶孔,在正垂方向上开有一长圆形通槽,产生的相贯线和截交线有:长圆形通槽上半个圆柱面与竖放圆柱的外圆柱面和内圆柱面的相贯线;长圆形通槽的中间两对称平面与竖放圆柱内外圆柱面产生的截交线;长圆形通槽的下半个圆柱面与竖放圆柱的外圆柱面以及两个不同的内圆柱面产生的相贯线;还有与两

47

圆柱孔的分界面(是圆平面)产生的截交线。

作图过程或作图要点说明：由于圆柱及圆柱孔水平投影具有积聚性，长圆形通槽的正面投影有积聚性，因此相贯线和截交线的正面投影和水平投影均在圆柱和长圆形通槽的相应投影上，且长圆形通槽下半个圆柱面与两圆柱孔的分界面产生的截交线水平投影已经画好，该图只需补画侧面投影。按前述分析，画出相贯线和截交线即可(图 2-42)。

图 2-41 题 2-8

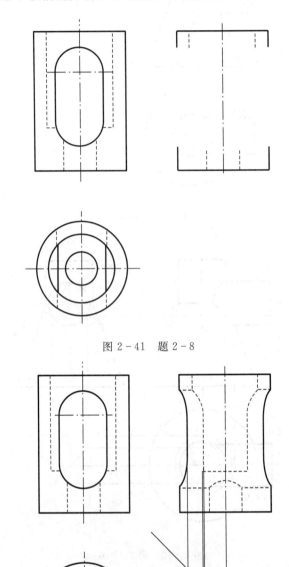

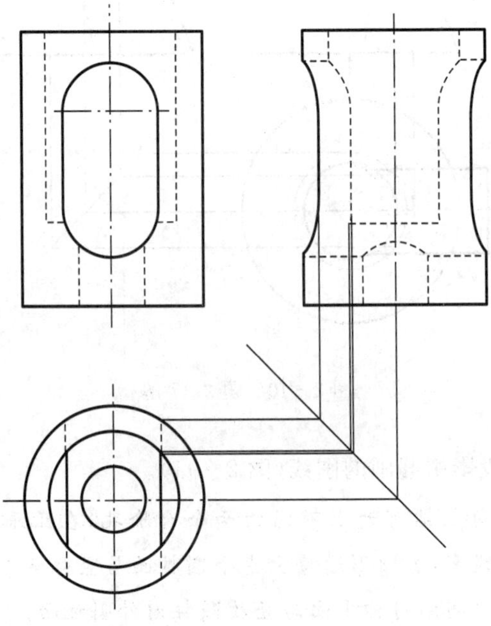

图 2-42 题 2-8 解

◐2-9 补画三面投影中所缺的图线(图2-43)。

分析:该形体中间上部是一个半球体,下部为一与之相切的圆柱体,圆柱体的左边是一个上部为长方体、下部为圆柱体的凸台,中间的球体和圆柱上下贯穿了一圆孔,圆柱前后另有一圆孔与之垂直相交,两圆孔直径相等。据此,此形体需要补画的相贯线包括:上部长方体与半圆球的相贯线,中部长方体与圆柱的相贯线,下部凸台小圆柱与中间大圆柱的相贯线,中间圆孔与半圆球的实虚相贯线(两回转体轴线重合),以及前后圆孔与上下圆孔的虚虚相贯线(直径相等)。

作图过程或作图要点说明:略。结果如图2-44所示。

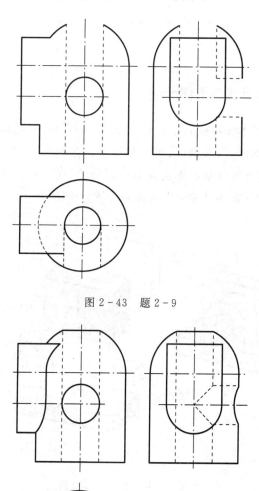

图2-43 题2-9

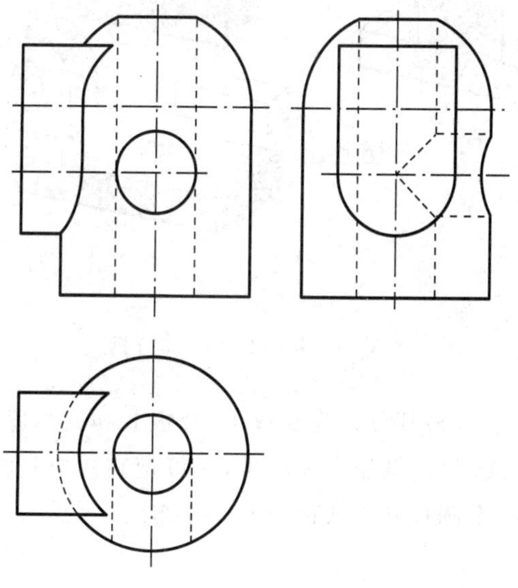

图2-44 题2-9解

第三章 组合体的画法

第一节 知识要点精讲

一、组合体的组成方式与形体分析

组合体是由若干个基本体组成的。对于一般的机械零件,从结构的形成过程考虑,都可以把它分解成若干个基本体,以便设计、研究和加工。在制图中,常常把物体分解成若干个基本体或组成部分,通过分析各基本体或各组成部分的形状、相对位置及组成方式,逐步达到了解总体的目的,这种分析和思考的方法称为形体分析法。

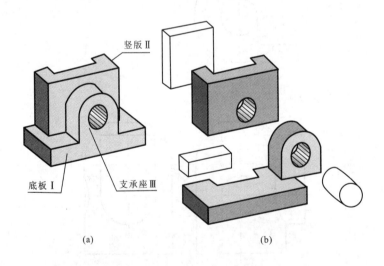

图 3-1 组合体的形体分析

如图 3-1 所示的支座,可将其分解为底板Ⅰ、竖板Ⅱ和支承座Ⅲ三个主要组成部分[图 3-1(a)]。其中每一个组成部分,例如支承座Ⅲ,又可把它看成是由一个四棱柱和一个半圆柱相结合,然后被截割去一个圆柱孔而成的[图 3-1(b)]。

1. 组合体的组成方式

根据形体的组合特点,组合体的组成方式可以分为叠加式、切割式和综合式 3 种。

1) 叠加式

叠加是指把各组成部分相互堆积起来。当各组成部分叠加时,它们贴合处的两表面之间有以下 4 种情况。

(1) 两表面平齐。如图 3-2 所示,组成物体的底板和支座两部分宽度相等,叠加时,前后两个面平齐,所以在正面投影中,贴合处不画出分界线。

(2) 两表面不平齐。如图 3-3 所示,底板和支座两部分的宽度不等,前表面不平齐,在正面投影中,贴合处必须画出分界线。

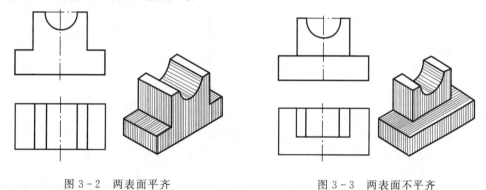

图 3-2 两表面平齐　　　　　　　　图 3-3 两表面不平齐

(3) 两表面相交。当两表面相交时,它们之间产生明显的转折,因此,在相交处必须画出交线(截交线或相贯线)。如图 3-4 所示,在作图时应画出交线的投影。

(4) 两表面相切。当平面与曲面或曲面与曲面相切时,两表面光滑过渡,如图 3-5 所示,顶板的侧面与圆柱面相切,相切处不应画线,顶板上、下面的正面投影和侧面投影画到切点 A 止。

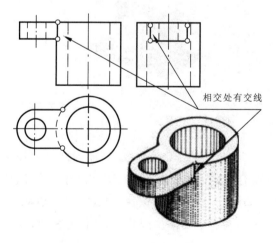

图 3-4 两表面相交处的画法

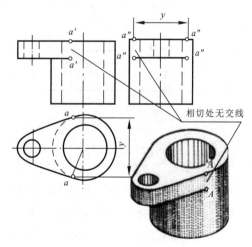

图 3-5 两表面相切处的画法

2）切割式

切割是指把物体用平面或曲面切割成若干部分。如图3-6(a)所示的镶块,就属于这种组成方式。图3-6(b)是镶块的三面投影图。

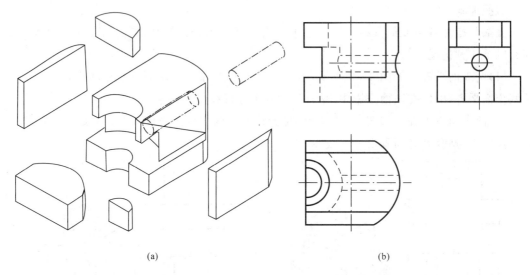

图3-6 镶块及其三面投影图

3）综合式

单一的叠加式或切割式的组合体均少见,而常见的是既有叠加又有切割的综合式组合体,如图3-7所示。

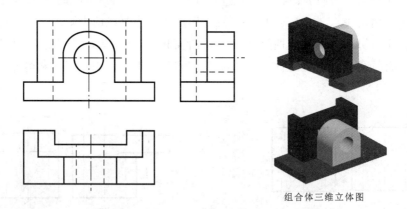

图3-7 支座的三面投影

组合体是一个整体。所谓"叠加""切割"只是形体分析的具体体现,不能因此而增加组合体本身不存在的轮廓线;在许多情况下,同一组合体,既可以按"叠加"进行分析,也可以按"切割"进行分析,还可以视为综合式进行分析。如图3-6(a)所示镶块,组成方式为切割式,其实质与叠加式基本相同。不过其组成部分是虚体而不是实体。因此,在具体分析时,应以便于画图、看图和易于理解为原则。

2. 组合体投影图的画法

画组合体投影图时,应先对组合体进行形体分析,然后逐步画图。对于切割式的组合体,通常先画出未切割时的完整基本体的三面投影,然后从有积聚性的投影开始画出切割后的各投影。

3. 组合体的尺寸标注

投影图只能表达组合体的结构形状,而各形体的真实大小及其相互位置则要由尺寸来确定。组合体尺寸标注的基本要求是正确、完整、清晰。即所标注的尺寸数量齐全,无遗漏,也不重复;尺寸注写方法正确,符合国家标准的有关规定,且配置合理。

1) 完整地标注尺寸

为了使尺寸标注完整,首先需对组合体进行形体分析,在熟悉基本体尺寸标注、带切口基本体尺寸标注的基础上,标注全各组成部分的定形尺寸、定位尺寸和组合体的总体尺寸。

标注定位尺寸时,在组合体长、宽、高 3 个方向至少要分别选择一个尺寸基准。所谓尺寸基准,就是标注和度量尺寸的起点。选择尺寸基准必须既体现组合体的组合特点,又方便制造和测量。因此,在组合体中通常以对称面、底面、端面或主要的轴心线等作为尺寸基准。

2) 清晰地标注尺寸

为了使尺寸标注清晰,除了必须遵守国家标准的有关规定外,还要考虑尺寸的布局。标注尺寸应注意以下几点:

(1) 同一形体的定形尺寸和定位尺寸应尽量集中标注在反映该部分形状特征最明显的投影图上。

(2) 圆柱、圆锥等回转体的直径尺寸应尽量标注在反映其轴线的投影图上。圆弧半径尺寸必须标注在反映圆弧实形的投影图上。

(3) 尽量避免在虚线上标注尺寸。

(4) 应尽量把尺寸标注在投影图的外边,与两投影有关的尺寸宜标注在两投影图之间。

(5) 尺寸线与轮廓线或尺寸线之间的距离一般取 5~7mm,间距最好一致,且排列整齐,同一方向首尾相接的尺寸应尽量标注在同一直线上。而同一方向有数个并列的平行尺寸时,较小尺寸应靠近图形,较大的尺寸依次向外排列。尽量避免尺寸线与尺寸线或尺寸界线相交。

(6) 直径相同,并在同一平面上均匀分布的孔组,只须标注一个孔的尺寸,再在直径符号"ϕ"前注明孔数。在同一平面上若干半径相同的圆角,不应在半径符号"R"前加注相同半径的个数。

3) 组合体尺寸标注的方法和步骤

下面以支架为例进行尺寸标注(图 3-8)。其方法和步骤如下。

(1) 进行形体分析。分析各组成部分(底板、圆筒、两块支承板)的形状和相对位置。

(2) 选择尺寸基准。选用圆筒的回转轴线作为长度方向的尺寸基准,底板的后端面作为宽度方向的尺寸基准,底板的下底面作为高度方向的尺寸基准。

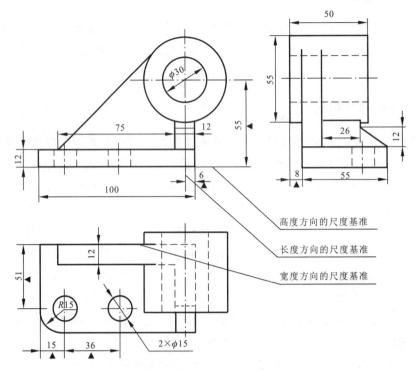

图 3-8　支架的尺寸标注

(3) 标注定形尺寸。定形尺寸是用以确定各组成部分的形状大小的尺寸,如底板的尺寸 100、55、12 等,图 3-8 中所有不带"▲"的尺寸都是定形尺寸。

(4) 标注定位尺寸。定位尺寸是用以确定各组成部分的相对位置的尺寸,如圆筒用尺寸 55、8 和 6 定位,底板上两个 $\phi 15$ 的小孔用尺寸 15、36 和 40 定位等,图中带"▲"的均为定位尺寸。

(5) 调整总体尺寸。由于采用形体分析法标注尺寸,标注总体尺寸时可能产生尺寸多余或矛盾,因此,必须进行调整。如在图 3-8 中,先标注底板的高度、圆台的高度,再标注总高时,必须调整为只标注总高和底板的高度。图 3-8 中,支架的总长等于底板的长度 100 减去圆筒长度方向的定位尺寸 6,再加上圆筒直径 $\phi 55$ 的一半;支架的总宽等于底板的宽度 55 加上圆筒宽度方向的定位尺寸 8;支架的总高等于支架的中心高 55 加上圆筒直径 $\phi 55$ 的一半。因此,该支架不必再另行标注总体尺寸了。

4. 看组合体投影图

看图就是根据给出的投影图,想象出物体的空间形状。

1) 看组合体投影图的方法和步骤

看组合体投影图的基本方法仍是形体分析法,即根据已知投影图逐个识别形体,并确定各形体之间的组成方式和相对位置。对于形体不甚明显或有疑难之处,则需结合线面投影分析,然后加以综合,想象出该物体的完整形状。

(1)初步了解组合体的特征,并采用形体分析法把物体分解成若干组成部分。看图一般从正面投影图入手。

(2)根据投影规律,逐步弄清楚各组成部分的形状。分析想象每一组成部分的形状时,可借助于丁字尺、三角板和分规等工具,用"对线条"的办法,找出3个投影之间一一对应的关系,从而想象出各个组成部分的空间形状。

(3)深入看懂细节,综合想象整体形状。若组合体的形体组合比较清晰,各形体形状不太复杂,则采用形体分析法按上述步骤看图,在一般情况下能完全看懂。但是,对于形状和组成方式都比较复杂的物体,特别是对于切割式的物体,在看投影图时常常碰到一些难以看懂的线框和线条的投影,这时就必须进行线面分析。进行线面分析时,要以熟悉各种位置直线和平面的投影为基础,并注意掌握如下几点。

(a)一个线框表示一个面投影,图上的每一个封闭线框,一般都表示物体上的一个表面。如图3-9(a)所示,水平投影上标注的线框 a、p,按照投影规律找出这两个线框对应的正面投影和侧面投影,即可判断出线框 A 为水平面,线框 P 为正垂面。投影图中其余各线框可按此方法相应地做出判断,它们均表示物体上不同位置的面。

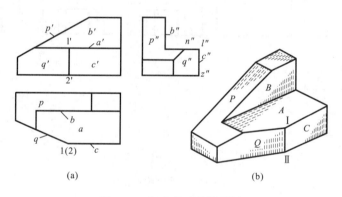

图3-9 组合体及其投影图

(b)相邻两线框表示物体上两个不同的表面,这两个表面可能相交,也可能不相交。若两表面相交,其公有线是交线的投影;若不相交,其公有线为两表面过渡的第三个表面的有积聚性的投影。在图3-9(a)中,正面投影有两相邻线框 q' 和 c',其公有线 $1'2'$ 为此两线框所代表的铅垂面 Q 和正平面 C 的交线ⅠⅡ的投影。而线框 c' 和 b' 中的公有线则是平面 A 的有积聚性的投影。

(c)正面投影上各线框表示物体前、后位置不同的面,水平投影上各线框表示物体上、下位置不同的面,侧面投影上各线框表示物体左、右位置不同的面。要区分物体上各表面的上、下、左、右、前、后位置,也必须遵循投影规律,把几个投影联系起来分析判别。如正面投影上 c' 和 b' 两个线框所表示的平面 C 和 B,根据正面投影和水平投影可知它们互相平行,且 C 面在 B 面的前方。

看组合体的投影图常常是形体分析法和线面分析法并用,而且是以形体分析法为主,再辅以线面分析法。

5. 根据已知的两面投影补画第三投影

有的物体,只用两面投影就能完整地表达它的形状。在看懂两面投影,想象出物体形状的基础上,补画第三投影是加深投影概念和培养画图、看图能力的一种有效方法,现举例如下。

例: 补画组合体的侧面投影[图3-10(a)]。

解: 由正面投影和水平投影可知,此组合体由3个基本部分组成,即圆筒、圆筒左下方带切口的四棱柱及圆筒前上方带切口的凸台。

作图步骤:

(1) 补画圆筒的侧面投影[图3-10(b)];

(2) 补画带切口的四棱柱的侧面投影[3-10(c)];

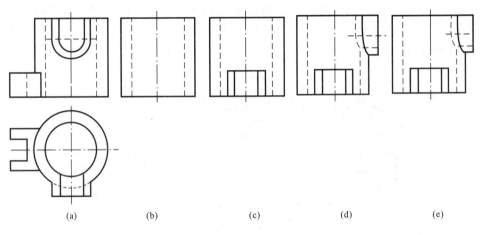

(a)　　　　　(b)　　　　　(c)　　　　　(d)　　　　　(e)

图3-10　补画侧面投影

(3) 补画圆筒前上方带切口的"U"形凸台的投影。此凸台由四棱柱和半个圆柱组合而成,不论是凸台外形还是类似凸台形状的切口,应注意其内外交线的投影的作法,如图3-10(d)所示;

(4) 图3-10(e)为组合体加粗、加深图线的侧面投影。该组合体的形状如图3-11所示。

例: 已知组合体的两面投影,补画其水平投影(图3-12)。

解: 根据已知的两面投影可知该组合体属切割式,是由四棱柱被水平面 P、正垂面 Q 和侧垂面 R 等平面切割而成的。故看图时宜用线面分析法。

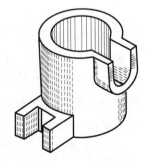

图3-11　组合体

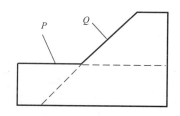
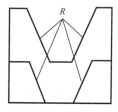

图 3-12 补画水平投影

作图步骤：

(1) 补画出切割前四棱柱的水平投影[图 3-13(a)]；

(2) 依据投影面平行面的投影特性，补画出组合体上 5 个水平面的水平投影[图 3-13(b)]；

(3) 依据投影面垂直面的投影特性，补画出组合体上 4 个侧垂面 R 的水平投影[图 3-13(c)]；

(4) 根据一个线框表示一面投影，以 Q 面为例，检查补画出来的水平投影正确与否。然后加粗加深图线，完成作图[图 3-13(d)]。

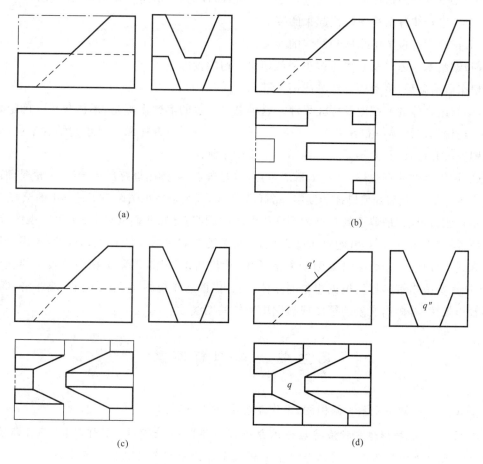

图 3-13 补画组合体的水平投影

综合起来想象该组合体的整体形状,结果如图3-14所示。

综上所述,本章的内容是在学习组合体几何画法的基础上,运用形体分析法和线面分析法来研究组合体的组合形式、组合体视图的画法、读懂视图所表达的形体及标注完整正确的尺寸。在这里再一次说明,组合体是由若干基本体组合而成的形体,组合体相邻表面的相对位置主要有共面(平齐)、相交和相切3种情况。

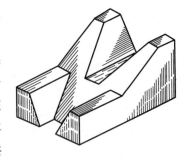

图3-14 切割体

第二节 解题方法归纳

组合体部分的知识点由4个部分构成:读图、画图、尺寸标注和构型分析。主要研究方法是形体分析法和线面分析法。主要要点如下:

(1)每个复杂的形体都应该先进行形体分析,即叠加式、切割式和综合式的区分;
(2)将组合体各个视图联系起来阅读分析;
(3)正确理解视图中线框和图线的含义;
(4)熟悉基本体以及基本体被单个截切面截切的投影。

根据所给题型,将解题方法分成两大部分。

(1)画组合体的三视图及标注尺寸。这类题目一般的解题步骤是:形体分析→确定表达方案→选比例定图幅→布置视图→画底稿→标注尺寸→检查加深。对于初学者来说,应三个视图齐头并进来画,而不要一个视图一个视图来画。

(2)读组合体的三视图,这是本章的重点,也是难点,且读图训练贯穿始终,无论是前面要读画法几何图,还是后面要讲述的读零件图和装配图,读组合体视图始终都是其中的核心。

本章题目灵活,最典型的有补画视图中所缺的图线;已知两面视图,补画第三视图等,即通常所说的"二求三"。尽管题型千变万化,但解题思路和解题方法有规律可循:先用形体分析法和线面分析法(多数题目要两种方法并用)读懂所给视图,想象出视图所表达的立体形状(可能一解或多解),然后根据想象的立体形状,借助已知视图,利用长对正、高平齐和宽相等的投影规律,补画出所缺的视图或视图中所缺的图线。

第三节 典型题解答

◀ 3-1 已知主视图和俯视图,求作左视图(图3-15)。

分析: 首先依据形体分析法将组合体分成3个部分,即上部Ⅰ、下前部Ⅱ、下后部Ⅲ,然后根据线面分析法将两面视图结合起来分析3个部分分别是什么样的基本体,最后将3个部分形体组合起来整体研究(图3-16)。三维立体图如图3-17所示。

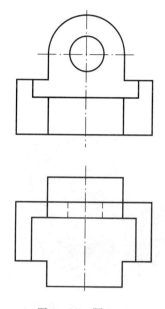

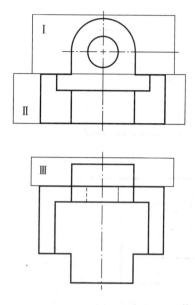

图 3-15　题 3-1　　　　　　　　图 3-16　题 3-1 分析

解答：见图 3-18。

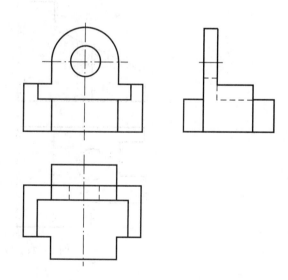

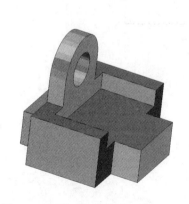

图 3-17　题 3-1 组合体三维立体图　　　图 3-18　题 3-1 解

◀3-2　已知组合体主视图和俯视图，求作左视图（图 3-19）。

分析：这是一道求截交线的例题，被截切的基本体是平面基本体，要求出表面各处的截交线，需要先分析清楚各个截面对基本体产生的截切线，分别求出各条截交线；再研究截交线之间的相交关系。在分析过程中，注意平面 P 的投影。组合体三维立体图如图 3-20 所示。

解：见图 3-21。

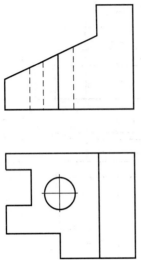

图 3-19 题 3-2

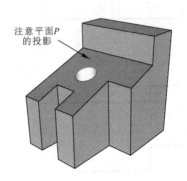

图 3-20 题 3-2 组合体三维立体图

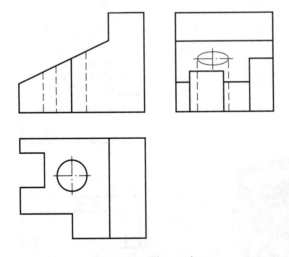

图 3-21 题 3-2 解

3-3 已知组合体主视图和俯视图，求作左视图（图 3-22）。

分析：这道题难点在于研究中部圆柱结构被打孔以后的投影，涉及到的知识点是截交线和相贯线的求法。可以先整体后局部：先研究底板（平面基本体）与圆柱的连接关系，然后再研究圆柱被截切以后的投影。组合体三维立体图如图 3-24 所示。

解：见图 3-23。

组合体及画法 第三章

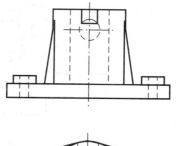
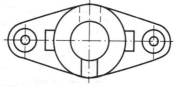

图 3-22 题 3-3

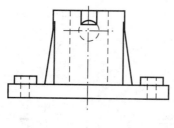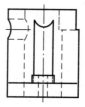
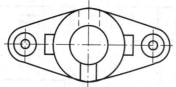

图 3-23 题 3-3 解

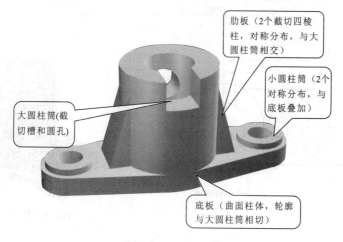

图 3-24 题 3-3 组合体三维立体图

◀ **3-4** 组合体三视图尺寸标注(图 3-25)。

分析: 组合体尺寸标注步骤如下:

(1) 形体分析组合体三维立体图如图 3-26 中所示,组合体可分成凸台、空心圆柱、肋板、底板 4 个部分;

(2) 确定定型尺寸;

(3) 选定尺寸基准;

(4) 确定定位尺寸;

(5) 标定总体尺寸;

(6) 进行尺寸调整,完成尺寸标注。

解: 见图 3-26。

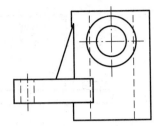
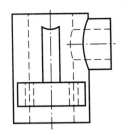
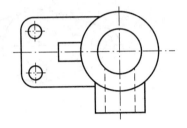

图 3-25 题 3-4

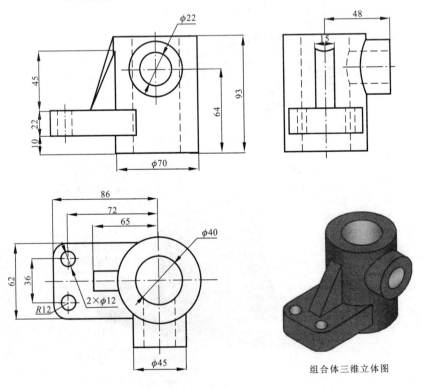

图 3-26 题 3-4 解

◀ 3-5 选择题：根据主视图和俯视图，选出对应的左视图(图3-28)。

分析：采用线面分析法，分析三组视图中 a、b、c 三个线框对应的空间结构和空间相对位置。如图3-27所示。

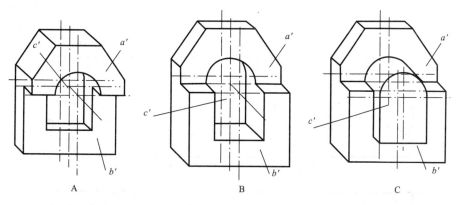

图3-27 题3-5分析

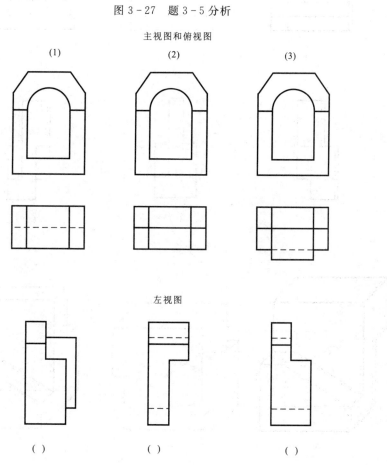

图3-28 题3-5

解：A→(3)、B→(1)、C→(2)

3-6 选择题：根据主视图和俯视图，选出对应的左视图(图3-29)。

分析：注意分析主视图和俯视图里面的实线和虚线所对应的空间结构，从而分析判断出关键结构的上、下、前、后位置，从而做出正确选择。如图3-30所示。

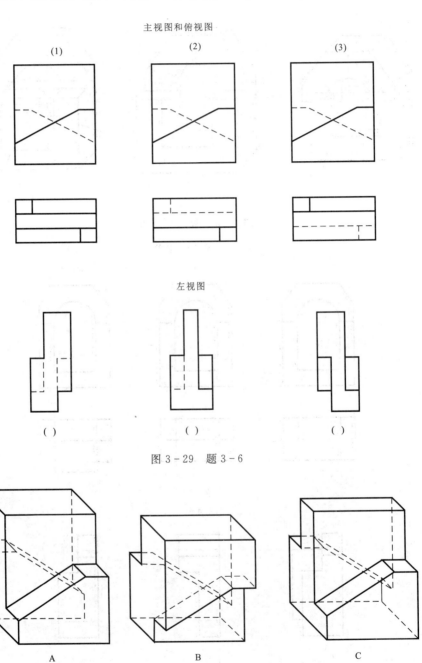

图 3-29 题 3-6

图 3-30 题 3-6 分析

解：A→(3)、B→(2)、C→(1)

◀3-7 选择题:根据所给的两面视图,想象出组合体的形状,选择正确的第三视图(图 3-31)。

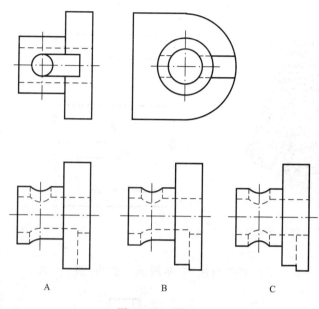

图 3-31 题 3-7

分析:这是一道求截交线和相贯线的例题,被截切的基本体是圆柱体,可以先弄清楚该组合体的基本构成情况,由哪些基本体构成该组合体,这些基本体又分别被多少个截面截切,分别求出各条截交线,再研究截交线之间的相交关系。

解:B

◀3-8 根据所给组合体的两面视图,补画第三视图(图 3-32)。

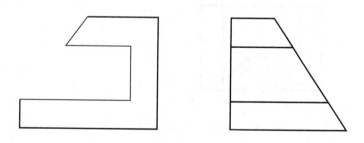

图 3-32 题 3-8

分析:这是求截切类组合体投影的习题,由于截切面较多,采用棱线法或者棱面法都不容易求出俯视图,可以采用取点法,将因为截切而产生的点的各个投影都求出来,然后按照相互之间的连接关系,将各个点按照顺序连接起来。组合体三维立体图如图 3-33 所示。

解:见图 3-34。

图 3-33 题 3-8 组合体三维立体图

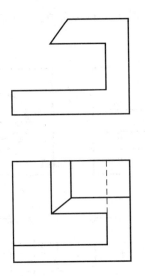

图 3-34 题 3-8 解

3-9 根据所给组合体的两面视图,补画第三视图(图 3-35)。

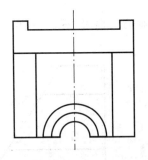

图 3-35 题 3-9

分析:该组合体是综合式组合体,前部是圆柱体被打孔,中后部是平面基本体被截切。结合俯视图和左视图,可以确定圆柱内部钻孔的情况,先挖大孔,然后在大孔的底部再挖小孔。组合体三维立体如图 3-36 所示。

解:见图 3-37。

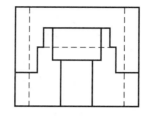
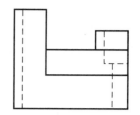

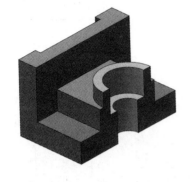
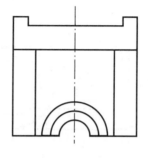

图 3-36 题 3-9 组合体三维立体图　　　　　　图 3-37 题 3-9 解

3-10 根据所给组合体的两面视图,补画第三视图(图 3-38)。

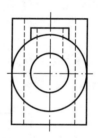

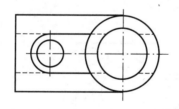

图 3-38 题 3-10

分析:本题研究的是叠加式组合体表面连接关系,将该组合体采用形体分析法分解成为若干个圆柱体,分别研究两两之间的相贯线,既有实实相贯,又有实虚相贯,还有虚虚相贯。组合体三维立体图如图 3-39 所示。

解:见图 3-40。

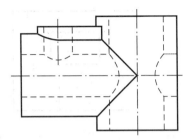
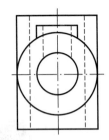

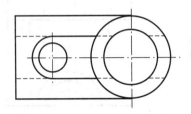

图 3-39 题 3-10 解　　　　图 3-40 题 3-10 组合体三维立体图

◀ 3-11 根据所给组合体的两面视图,补画第三视图(图 3-41)。

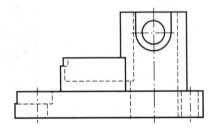
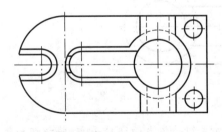

图 3-41 题 3-11

分析:将该组合体采用形体分析法分解成为下端的底板和上端的圆柱。重点研究的是上端圆柱之间的相贯线和截交线。组合体三维立体图如图 3-42 所示。

解:见图 3-43。

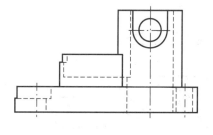
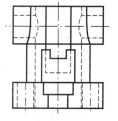

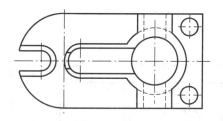

图 3-42 题 3-11 组合体
三维立体图

图 3-43 题 3-11 解

3-12 根据所给组合体的两面视图,补画第三视图,并补全组合体尺寸标注(图 3-44)。

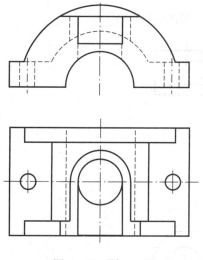

图 3-44 题 3-12

图 3-45 题 3-12 组合体三维立体图

分析:组合体尺寸标注的时候需要注意几个要点:先对组合体进行形体分析,判断组合体的类型(是以切割为主的组合体还是以叠加为主的组合体);然后分别考虑定形尺寸,3 个方向的尺寸基准、定位尺寸(切割式组合体与叠加式组合体的定位尺寸有很大区别)、总体尺寸;最后再综合考虑有没有多余尺寸存在。组合体三维立体图如图 3-45 所示。

解:见图 3-46。

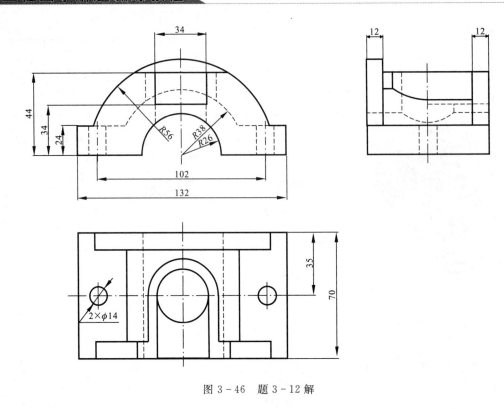

图 3-46 题 3-12 解

3-13 根据所给组合体的两面视图,补画第三视图(图 3-47)。

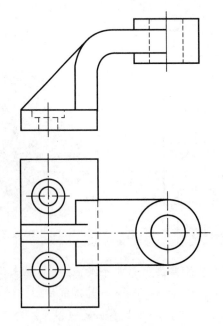

图 3-47 题 3-13

分析:根据所给出的主视图和俯视图,按照形体分析法分析可知,该组合体由三部分构成(图 3—48),左侧的底板结构(主体是四棱柱结构),右侧的套筒结构(主体是圆柱结构),以及中间的连接部分(弯板结构)。主要是研究组合体表面不同类型部件之间的连接关系(平齐、相切和相交)。

解:见图 3-49。

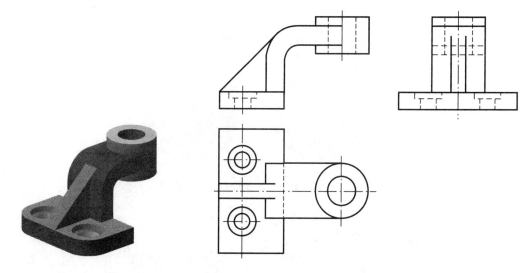

图 3-48 题 3-13 组合体三维立体图　　　　图 3-49 题 3-13 解

3-14 已知组合体主视图和俯视图,求作左视图(图 3-50)。

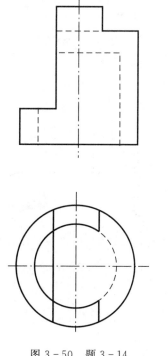

图 3-50 题 3-14

分析：从已知视图判断该组合体原始为一有底倒扣过来的圆筒，被一水平面和侧平面所截切，上端前后有一与内壁等厚的扇形圆弧条；此组合体主要考虑多条与圆柱截切的截交线，需要仔细分析。组合体三维立体图如图3-51所示。

解：见图3-52。

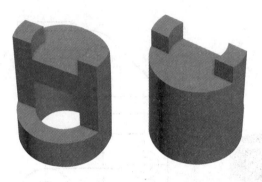

图3-51 题3-14组合体三维立体图

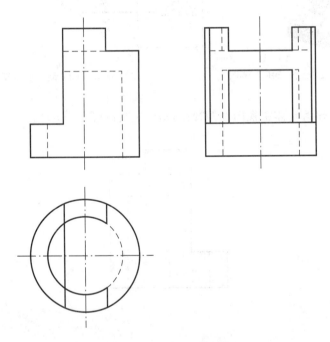

图3-52 题3-14解

3-15 已知组合体主视图和左视图，求作俯视图(图3-53)。

分析：从已知视图判断该组合体原始为三棱柱，被中间、左右两正垂面截切，然后被前后两侧垂面和一水平面截切；此题考虑在多个截平面截切下截交线的求解，最后可根据积聚性、相似形等原理来判定，组合体三维立体图如图3-54所示。

解：见图3-55。

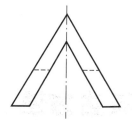
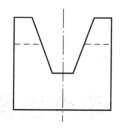

图 3-53　题 3-15

图 3-54　题 3-15 组合体三维立体图

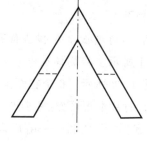
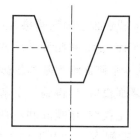

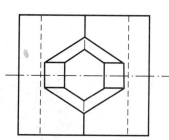

图 3-55　题 3-15 解

第四章 机件图样的表达方法

第一节 知识要点精讲

一、视图

视图是用正投影法将物体向投影面投射所得的图形,主要用来表达物体的外部结构形状。它一般用来表示物体的可见部分,必要时才用虚线画出其不可见部分。视图分为基本视图、向视图、局部视图和斜视图。

1. 基本视图

物体向基本投影面投射所得的视图,称为基本视图。

在原有水平面、正面和侧面3个投影面的基础上,再增设3个投影面构成一个正六面体,正六面体的6个侧面称为基本投影面,如图4-1所示。将物体放在正六面体中间,分别向6个基本投影面投射,即得到6个基本视图,如图4-2所示。6个视图除了前面介绍的3个基本视图——主视图、俯视图和左视图外,新增加的基本视图是:右视图——由右向左投射所得的视图,仰视图——由下向上投射所得的视图,后视图——由后向前投射所得的视图。

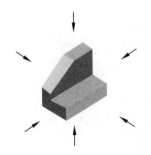
图4-1 六个基本投影方向

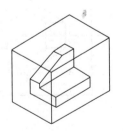
图4-2 物体周围六个基本投射面

6个基本视图之间仍保持着与三视图相同的"长对正、高平齐、宽相等"的投影规律,即主视图、俯视图和仰视图长对正(后视图同样反映零件的长度尺寸),主视图、左视图、右视图和后视图高平齐,左视图、右视图与俯视图、仰视图宽相等。按基本位置绘制的视图称为按投影关系配置的视图。

在实际绘图时,应根据物体的结构特点,按实际需要选择基本视图的数量。总的要求是将物体基本视图表达完整、清晰,又不重复,且数量最少。

2. 向视图

向视图是可以自由配置的视图。基本视图按投影关系位置配置时,可不标注视图的名称。但在实际绘图过程中,为了合理利用图纸,可以自由配置视图,这种可以自由配置的视图称为向视图。

画向视图时,一般应在向视图上方用大写英文字母标出视图的名称(如"A"),并在相应视图附近用箭头标明投射方向,注上同样的字母。

3. 局部视图

将物体的某一部分向基本投影面投射所得的视图称为局部视图。

画局部视图的主要目的是为了减少作图工作量。如图 4-3 所示的物体,主视图、俯视图已将其基本部分的结构表达清楚,但左边凸台与右边缺口尚未表达清楚,如果分别采用左视图和右视图表达,则重复表达的太多,可采用局部视图来表示,这样不但减少了两个基本视图,而且表达清楚,重点突出,简单明了。局部视图断裂处的边界线应以波浪线表示。当所表示的局部结构是完整的,且外形轮廓线又自成封闭时,波浪线可省略不画,如图 4-3(c)所示的左边凸台。

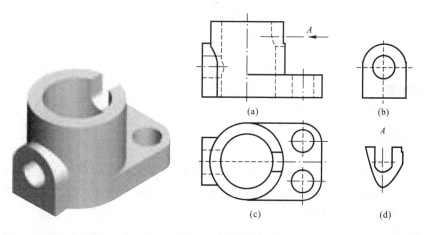

图 4-3 局部视图

局部视图应尽量按基本视图的位置配置。有时为了合理布置图面,也可按向视图的配置形式配置。

画局部视图时,应在局部视图上方用大写英文字母标出视图的名称(如"A"),并在相应视图附近用箭头表示投射方向,标注上相同的字母。当局部视图按投影关系配置,中间又无其他视图隔开时,允许省略标注,如图 4-3(c)所示的凸台。

4. 斜视图

将物体向不平行于任何基本投影面的平面投射所得的视图称为斜视图。

斜视图主要用于表达物体上倾斜部分的实形。如图 4-4 所示的弯板,其倾斜部分在基本视图上不能反映实形,为此,可选用一个新的辅助投影面(该投影面应垂直于某一基本投影面),使它与物体的倾斜部分表面平行,然后向新投影面投射,这样便使倾斜部分在新投影面上反映实形。

斜视图通常按向视图的配置形式配置并标注。必要时,允许将斜视图旋转配置,在旋转后的斜视图上方应标注视图名称(如"A")及旋转符号,旋转符号的箭头方向应与斜视图的旋转方向一致,表示该视图名称的大写英文字母应靠近旋转符号的箭头端,如图 4-4 所示中的向视图 A。斜视图主要用来表达物体上倾斜结构的实形,其余部分不必全部画出,用波浪线断开即可。

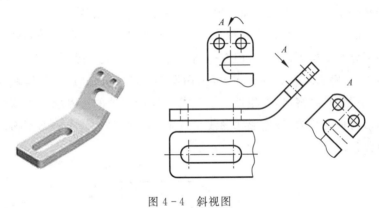

图 4-4 斜视图

二、剖视图

1. 剖视图的概念

用视图表达物体形状时,物体内部的结构形状规定用虚线表示,不可见的结构形状越复杂,虚线就越多,这样既影响图形表达的清晰性,又不利于标注尺寸。为此,对物体不可见的内部结构形状经常采用剖视图来表达。

假想用剖切面把物体剖开,移去观察者与剖切面之间的部分,将留下的部分向投影面投射,并在剖面区域内画上剖面符号,这样得到的图形称为剖视图,简称剖视,如图 4-5 所示。

如图 4-5(a)所示,在物体的视图中,主视图用虚线表达其内部形状不够清晰,按图 4-5(b)所示方法,假想沿物体前后对称平面将其剖开,移去前半部,将后半部向正投影面投射,就得到剖视图。

剖切物体的假想平面或曲面称为剖切面,剖切面与物体的接触部分称为剖面区域。

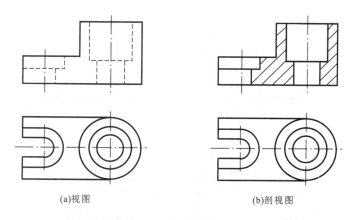

(a) 视图　　　　　　　　(b) 剖视图

图 4-5　视图与剖视图

画剖视图时,剖面区域内应画上剖面符号,以区分物体被剖切面剖切到的实体与空心部分。物体材料不同,其剖面符号画法也不同。

下面分析剖视图的画法。

1) 确定剖切面的位置

由于画剖视图的目的在于清楚地表达物体的内部结构,因此,剖切面通常平行于投影面,且通过物体内部结构(如孔、沟槽)的对称平面或轴线。如图 4-6 所示,主视图就是选用通过物体对称平面的正平面剖切物体物体,而产生的剖视图。

2) 画剖视图

弄清楚物体剖切后哪部分移走了,哪部分留下了,剩余部分与剖切面接触部分(剖面区域)的形状,剖切面后面的结构还有哪些是可见的。画图时先画剖切面上内孔形状和外形轮廓线的投影,再画剖切面后的可见轮廓线的投影。要把剖面区域和剖切面后面的可见轮廓线画全。

3) 画剖面线

在剖面区域内画剖面符号。在同一张图样中,同一个物体的所有剖视图的剖面符号应该相同。

4) 剖视图的配置与标注

剖视图通常按投影关系配置在相应的位置上,必要时可以配置在其他适当的位置。剖视图标注的目的在于表明剖切面的位置以及投射的方向。一般应在剖视图上方用大写英文字母标出剖视图的名称(如"A—A"),在相应视图上用剖切符号(粗短线)表示剖切位置,用箭头表示投射方向,并注上同样的字母,如图 4-6 所示。

在下列情况下,剖视图的标注内容可以简化或省略。

(1) 当剖视图按投影关系配置,中间又没有其他图形隔开时,可省略箭头。

(2) 当单一剖切面通过物体的对称平面或基本对称平面,且剖视图按投影关系配置,中间又没有其他图形隔开时,可省略标注,如图 4-5(b) 所示中的剖视图。

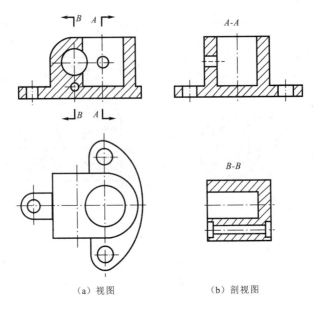

(a) 视图　　　　　　　(b) 剖视图

图 4-6　剖视图的标注

5) 画剖视图的注意事项

(1) 因为剖切物体是假想的,并不是真的把物体切开拿走一部分,因此,当一个视图画成剖视后,其余视图仍应按完整的物体画出。

(2) 画剖视图时,剖切面后面的可见轮廓线必须用粗实线画齐全,不能遗漏,也不能多画。图 4-7 是剖视图中易漏图线的示例。

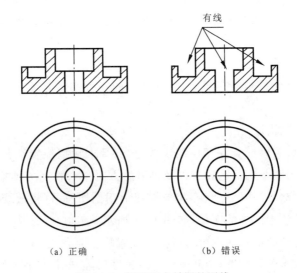

(a) 正确　　　　　　　(b) 错误

图 4-7　剖视图中易漏的图线

(3) 剖切面后面的不可见部分的轮廓线——虚线,在不影响完整表达物体形状的前提下,剖视图上一般不画虚线,以增加图形的清晰度。但如画出少量虚线可减少视图数量时,也可画出必要的虚线,如图 4-8 所示。

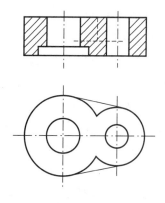

图 4-8 剖视图中必要的虚线

2. 剖切面的种类

根据物体结构的特点,国家标准《技术制图 图样画法 剖视图和断在图》(GB/T 17452—1998)规定有单一剖切面、几个平行的剖切面、几个相交的剖切面等剖切面剖开物体。

1) 单一剖切面

单一剖切面指用一个剖切面剖切物体。主要包括 2 个方面。

(1) 平行于某一基本投影面的剖切面。前面介绍的剖视图,均为采用平行于基本投影面的单一剖切面剖切得到的剖视图。

(2) 不平行于任何基本投影面的剖切面。当物体上有倾斜部分的内部结构需要表达时,和画斜视图一样,选择一个垂直于基本投影面且与所需表达倾斜部分平行的投影面,然后再用一个平行于这个投影面的剖切面剖开物体,向这个投影面投射,这样得到该部分结构的实形。图 4-9 中的 A-A 剖视图是采用不平行于基本投影面的单一剖切面剖切得到的剖视图。主要用以表达倾斜部分的结构,物体上与基本投影面平行的部分剖视图中不反映实形,一般应避免画出,常将它舍去而画成局部视图。

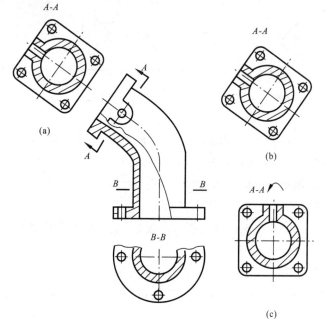

图 4-9 单一剖切面

画剖视图时应注意以下几点：

(1)用不平行于任何基本投影面的剖切面剖切的剖视图,最好配置在与基本视图的相应部位保持直接投影关系的地方,标出剖切位置和字母,并用箭头表示投射方向,还要在该剖视图上方用相同的字母标明图的名称,如图 4-9(a)所示。

(2)为使视图布局合理,可将剖视图保持原来的倾斜程度,平移到图纸上适当的地方,如图 4-9(b)所示;为了画图方便,在不引起误解时,还可把图形旋转到水平位置,表示该剖视图名称的大写字母应靠近旋转符号的箭头端,如图 4-9(c)所示。

(3)当剖视图的剖面线与主要轮廓线平行时,剖面线可改为与水平线夹角成 30°或 60°,原图形中的剖面线仍与水平线夹角成 45°,但同一物体中剖面线的倾斜方向应大致相同,如图 4-9 所示,主视图剖面线与水平线夹角成 30°。

(4)柱面剖切面。采用柱面剖切物体时,剖视图应展开绘制,同时在剖视图名称后加注"展开"二字,如图 4-10 所示。

2)几个平行的剖切平面

当物体上孔、槽的轴线或对称平面位于几个相互平行的平面上时,可以用几个与基本投影面平行的剖切面剖切物体,再向基本投影面投射,如图 4-11 所示。

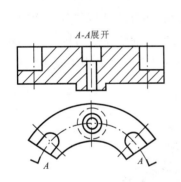

图 4-10 用单一柱面剖切

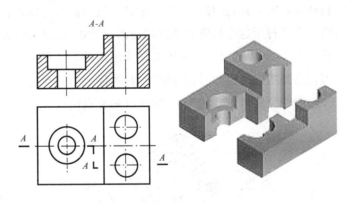

图 4-11 几个相互平行的剖切面

(1)标注方法。在剖视图上方标注相同字母的剖视图名称(如"A-A")。在相应视图上用剖切符号表示剖切位置,在剖切面的起、迄和转折处标注相同字母,剖切符号两端用箭头表示投射方向。当剖视图按投影关系配置,中间又无其他图形隔开时,可省略箭头。

(2)画图时应注意的问题有以下 2 个方面:

(a)在剖视图中,不应画出剖切面转折处的投影,剖切面的转折处要画成直角,且不应与图中的轮廓线重合,如图 4-12 所示。

(b)用几个平行的剖切面画出的剖视图中,一般不允许出现不完整要素。仅当两个要素在图形上具有公共对称中心线或轴线时,可以以对称中心线或轴线为界各画一半,如图 4-13 所示。

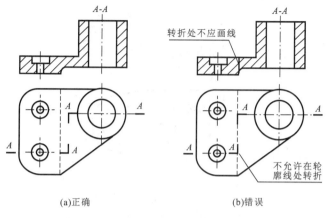
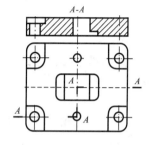

图 4-12 剖视图的正误画法对比

图 4-13 对称要素的表达

3) 几个相交的剖切面

当物体的内部结构形状用一个剖切面不能表达完全,且这个物体在整体上又具有回转轴时,可用几个相交的剖切面(交线垂直于某一基本投影面)剖开物体,并将与投影面不平行的剖切面剖开的结构及其有关部位旋转到与投影面平行再进行投射,如图 4-14 所示。

(1) 标注方法。在剖视图上方标出相同字母的剖视图名称(如"$A-A$")。在相应视图上用剖切符号表示剖切位置,在剖切面的起、迄和转折处标注相同字母,剖切符号两端用箭头表示投射方向。当剖视图按投影关系配置,中间又无其他图形隔开时,可省略箭头,如图 4-14 所示。

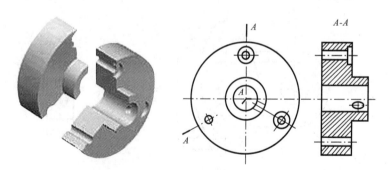

图 4-14 两个相交的剖切面

(2) 画图时应注意的问题包括以下两个方面:

(a) 要按"先剖切后旋转"的方法绘制剖视图,即先假想用相交剖切面剖切物体,然后将剖开的倾斜结构及其有关部位旋转到与选定的投影面平行的位置,再进行投射,但在剖切面剖切后的其他结构一般仍按原来位置投影,如图 4-14 中空心圆柱上的小孔。

(b) 当剖切后产生不完整要素时,应将此部分按不剖绘制。

图 4-15、图 4-16 是用几个相交的剖切面剖开物体的示例,可以细心分析一下。

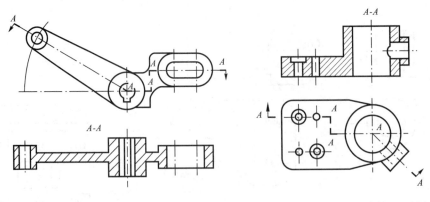

图 4-15 几个相交的剖切面　　　　4-16 几个相交的剖切面示例

图 4-17 是一种综合表达的实例，主视图采用了两个相交的剖切面来表达该机件的内部和斜方叉座以及圆孔的结构，左视图采用了前述的两个平行的剖切面进行对称要素的表达，另采用了斜视图旋转表达斜方叉座外部，局部视图表达上部平台孔下缘的结构。

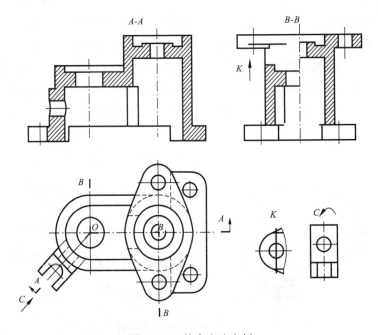

图 4-17 综合表达实例

3. 剖视图的种类

根据剖切范围的大小，剖视图可分为全剖视图、半剖视图和局部剖视图。

1) 全剖视图

用剖切面完全地剖开物体所得的剖视图称为全剖视图。前面介绍的剖视图均为全剖视图。

全剖视图用于表达内部形状复杂的不对称物体。为了便于标注尺寸,对于外部形状简单且具有对称平面的物体也常采用全剖视图。

2) 半剖视图

当物体具有对称平面时,向垂直于对称平面的投影面上投射所得的图形,以对称中心线(细点画线)为界,一半画成视图用以表达外部结构形状,另一半画成剖视图用以表达内部结构形状,这种组合的图形称为半剖视图,如图4-18所示。

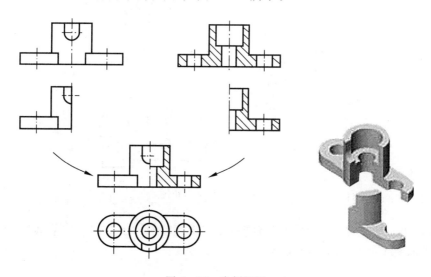

图 4-18 半剖视图

半剖视图适用于内、外形状都比较复杂的对称物体。若物体的形状接近对称,且不对称部分已在其他视图上表达清楚时,也可以画成半剖视图,如图4-19所示。

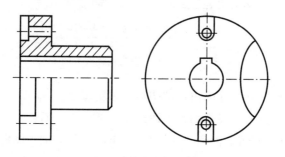

图 4-19 基本对称物体的半剖视图

半剖视图的标注与全剖视图相同。画半剖视图时应注意如下几点:

(1) 半剖视图中视图与剖视图的分界线为点画线,不能画成粗实线。

(2) 物体的内部结构在剖视部分已经表示清楚,在表达外部形状的视图部分不必再画出虚线。

半剖视图中,因为有些部位的形状只画出一半,所以标注尺寸时尺寸线上只能画出一端箭头,另一端只需超过中心线即可,不画出箭头。

3)局部剖视图

当物体尚有部分的内部结构形状未表达清楚,但又没有必要作全剖视图或不适合于作半剖视图时,可用剖切面局部地剖开物体,所得的剖视图称为局部剖视图,如图4-20所示。局部剖切后,物体断裂处的分界线用波浪线表示。

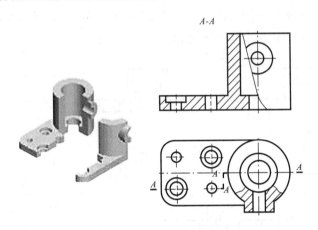

图4-20 局部剖视图

当被剖切部分的局部结构为回转体时,允许将该结构的中心线作为局部剖视图与视图的分界线,如图4-21中的主视图。

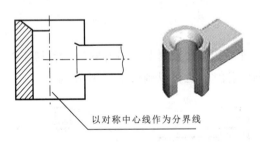

图4-21 用中心线代替波浪线

局部剖视图既能把物体局部的内部结构形状表达清楚,又能保留物体的某些外部形状,是一种比较灵活的表达方法。局部剖视图适用于以下几个方面:

(1)物体只有局部结构需要剖切表达,而又没有必要作全剖视图时,如图4-22所示。

(2)当物体不对称的内、外形状都需要表达时,如图4-23所示。

(3)当实心件如轴、杆、手柄等上的孔、槽等内部结构需要剖开表达时。

(4)当物体对称,且在图上恰好有一轮廓线与对称中心线重合时,不宜采用半剖视图,此时可采用局部剖视图,如图4-24所示。

画局部剖视图时应注意以下几个方面:

(1)局部剖视图用波浪线与视图分界,波浪线不应与图形中其他图线重合(图4-25中的 A 处),不能用轮廓线代替波浪线。

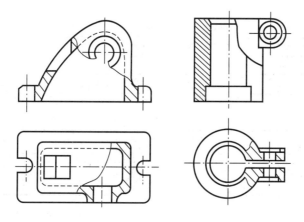

图 4-22 不宜作全剖视的表达

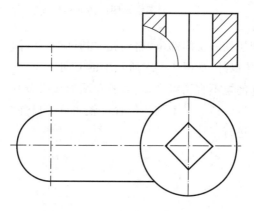

图 4-23 内、外形状都需要表达

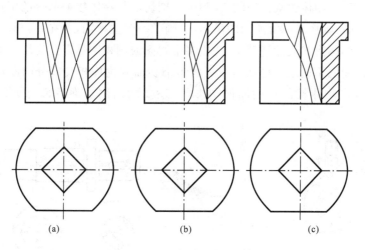

图 4-24 不宜采用半剖视图

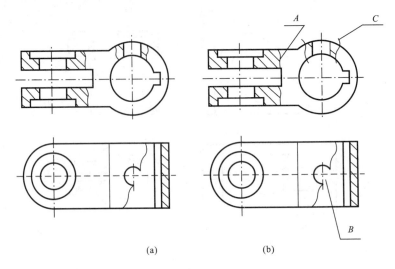

(a)　　　　　　　(b)

图 4-25　局部剖视图中的波浪线画法

（2）波浪线应画在剖切到的实体部位,遇到孔、槽时应断开（图 4-25 中的 B 处）,不能画在轮廓线延长线上和实体以外,如图 4-25 所示中的 C 处。

（3）在一个图中局部剖视不宜用得过多,以避免图形显得杂乱。局部剖视图的剖切范围可以根据需要而定,选择较灵活。对于剖切位置比较明显的局部结构,一般不用标注。若剖切位置不够明显时,则应进行标注。

三、断面图

1. 断面图的概念

假想用剖切面将物体的某处切断,仅画出该剖切面与物体接触部分的图形,该图形称为断面图,简称断面。如图 4-26 所示的吊钩,只画了一个主视图,并在几处画出了断面形状,就把整个吊钩的结构形状表达清楚了,比用多个视图或剖视图显得更为简洁明了。

断面图与剖视图不同之处是断面图只画出剖切面和物体相交部分的断面形状,而剖视图则要求除了画出物体被剖切的断面图形外,还要画出剖切面后部可见的轮廓线,如图 4-27 所示。

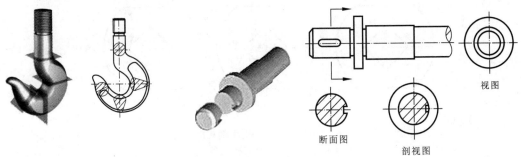

图 4-26　吊钩　　　　　　图 4-27　断面图与剖视图的比较

2. 断面图的分类及画法

断面图按其在图纸上配置的位置不同,分为移出断面图和重合断面图两种。

1)移出断面图

画在视图轮廓之外的断面图称为移出断面图,如图4-28所示。

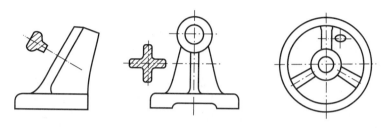

图 4-28 移出断面图

(1)移出断面图的画法。移出断面图的轮廓线用粗实线绘制,在断面图上画出剖面符号。移出断面图应尽量配置在剖切线的延长线上,必要时也可配置在其他适当位置,如图4-29所示。

画移出断面图时应注意以下几点:

(a)当剖切面通过回转面形成的孔或凹坑的轴线时,这些结构应按剖视绘制,如图4-30所示。

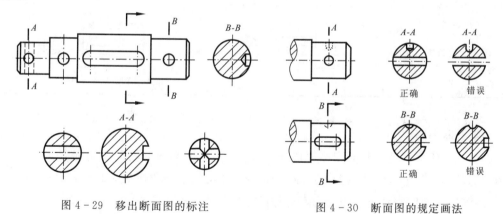

图 4-29 移出断面图的标注　　　图 4-30 断面图的规定画法

(b)当剖切面通过非圆孔,导致出现完全分离的两部分断面时,这样的结构也应按剖视绘制,如图4-30所示。

(c)由两个或多个相交的剖切面剖切得出的移出断面图,中间一般应断开绘制。

(d)当断面图图形对称时,也可将断面图画在视图的中断处。

(2)移出断面图的标注。移出断面图一般应在断面图上方用大写英文字母标注断面图的名称(如"A-A"),用剖切符号表示剖切位置,箭头表示投射方向,并标注同样的字母,如图4-29所示。标注时应注意以下几点:

(a)配置在剖切符号延长线上的不对称移出断面图可省略字母,如图 4-29(b)所示。

(b)按基本视图位置配置的不对称移出断面图和不配置在剖切延长线上的对称移出断面均省略箭头,如图 4-29(c)、图 4-29(d)所示。

(c)配置在剖切符号延长线上的对称移出断面图,可省略标注,如图 4-29(a)所示。移出断面图标注见表 4-1。

表 4-1 移出断面图的标注

断面图配置 \ 断面形状	对称的图形剖面	不对称的图形剖面
在剖切线或剖切符号延长线上配置	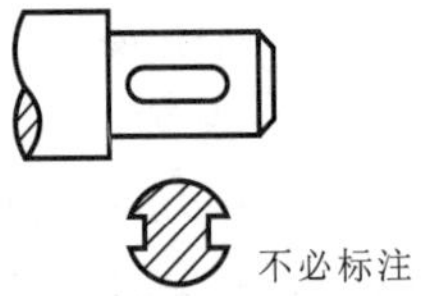 不必标注	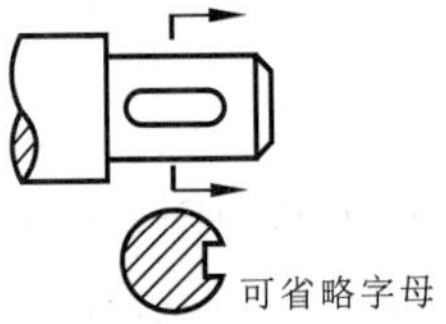 可省略字母
按投影关系配置	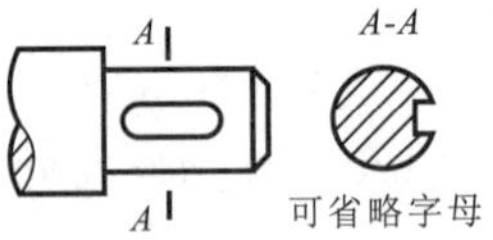 A—A 可省略字母	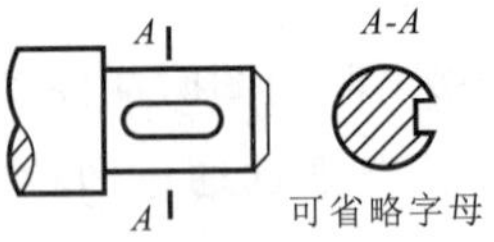 A—A 可省略字母
在其他位置配置	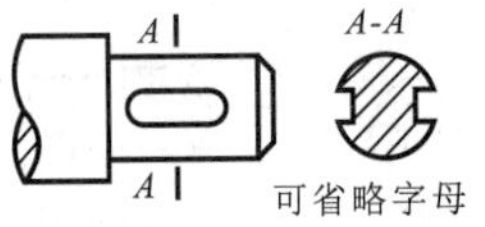 A—A 可省略字母	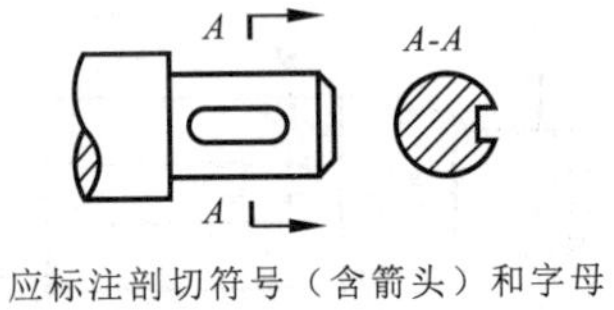 A—A 应标注剖切符号(含箭头)和字母

2)重合断面图

画在视图轮廓之内的断面图称为重合断面图。重合断面图的轮廓线用细实线绘制。当视图中的轮廓线与重合断面图的图形重叠时,视图中的轮廓线仍应连续画出,不可间断。

(1)配置在剖切符号延长线上的不对称重合断面图可省略字母。

(2)对称的重合断面图可省略标注。

综合之前所述,可以看出,面对机件多种多样的结构,为了完整、清晰、简便地表达出它们的内、外形状,必须依据国家标准规定,熟练运用视图、剖视图、断面图和其他各种规定画法。再对之前的表达方法归纳总结如下:

(1)视图主要用于表达机件的外部形状,包括基本视图、向视图、局部视图、斜视图。

(2)剖视图用来表达机件的内部形状,分为全剖视图、半剖视图和局部剖视图。

(3)断面图用于表达机件某局部结构的断面形状。根据所绘制的位置不同,分为移出断面图和重合断面图。

第二节 解题方法归纳

本节内容要求有以下几条:①掌握视图的常用表达方法,②掌握剖视图、断面图表达方法,③掌握图样的规定画法和简化画法。

必须运用所学的知识,分析组成机件的各基本形体、内外结构特征以及细部结构形状,构思出三维立体形状。针对机件的形状、结构的特点,合理、灵活地选择表达方法,并进行综合分析、比较,确定出最佳的表达方案并画图。

第三节 典型题解答

◁ 4-1 根据已知机件的主视图、俯视图、左视图,补画出该机件的另外 3 个基本视图(图 4-31)。

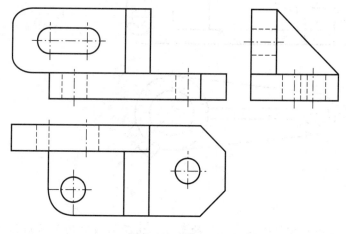

图 4-31 题 4-1

如前所述,机件向投影面投射所得到的投影图称为视图。在 6 个基本投影面上形成的投影图称为基本视图,用于表达机件 6 个方向的外形。按规定位置配置时不需标注,否则需要标注。

分析: 根据已知机件的 3 个视图对形体进行分析,构思出机件的形体。补画右视图、仰视图和后视图。作图时应保证 6 个基本视图之间符合"长对正、高平齐、宽相等"的投影规律,同时要注意区分各视图图线可见性变化。图 4-32 是按规定位置配置,因此不需要标注。如果补画的 3 个视图没有按规定的位置配置,即按向视图的规定画,注意做出相应的标注。

解：见图 4-32。

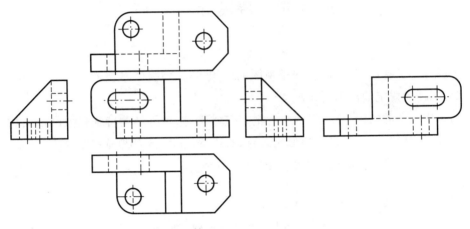

图 4-32 题 4-1 解

 4-2 画出 A 向的局部视图和 B 向斜视图(图 4-33)。

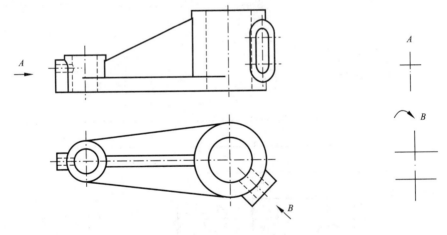

图 4-33 题 4-2

分析：根据主视图和俯视图构思机件的形体。由于右前方的长圆形凸台不平行于基本投影面，在主视图中不能反映实形，为了作图和看图的方便，可作 B 向斜视图，该斜视图主要用来表达长圆形凸台及两圆柱孔的端面形状，故只画局部视图。在不引起误解时，允许将斜视图旋转，这样使主要轮廓处在水平或垂直位置，旋转后再放置的图形应标注旋转符号。主视图和俯视图均无法表达左侧凸台的形状，因而采用 A 向局部视图表达。由于 A 向、B 向视图所表达的局部结构是完整的，且轮廓线成封闭形，因此波浪线省略不画。

解：见图 4-34。

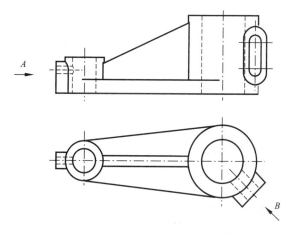
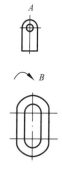

图 4-34 题 4-2 解

4-3 已知机件三视图,补画其右视图,并分析其对表达的影响(图 4-35)。

分析: 根据三视图构思出机件的内外形状,如图 4-36 所示。由于该机件左右结构不同,因而在左视图中有许多表达机件右边结构的虚线,表达不清晰。如果增加了右视图,左视图上的虚线可以省略,使得表达更清晰了(图 4-37)。

解: 见图 4-37。

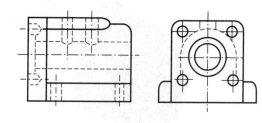

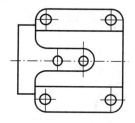

图 4-35 题 4-3   图 4-36 题 4-3 机件三维立体图

4-4 已知机件三视图,补画其右视图,并分析其对表达的影响(图 4-38)。

分析: 题中所给的视图中左视图虚线和实线重叠,很不清晰,俯视图虚线过多,不利于读图,没有必要画出;如果改为画右视图(图 4-40),左视图虚线可以不画,则表达就清晰了。

解: 见图 4-40。

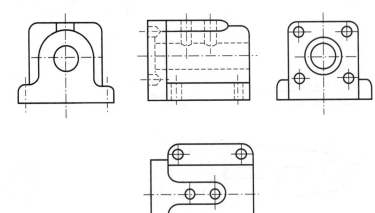

图 4-37 题 4-3 解

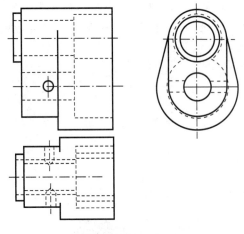

图 4-38 题 4-4

图 4-39 题 4-4 机件三维立体图

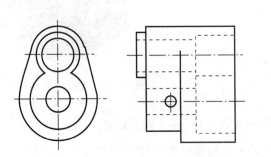

图 4-40 题 4-4 解

◀4-5 用合适的剖视图表达下面机件,并准确标注尺寸(图4-41)。

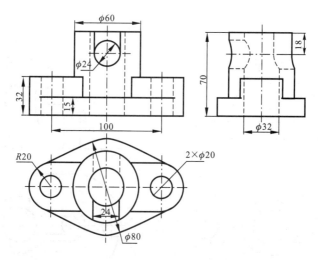

图4-41 题4-5

分析:本机件结构较为简单,由于是左右对称机件,此机件关键在于圆筒有一个前面"U"形槽和后面圆孔的结构,所以主视图采用半剖视图来表达,而不能采用全剖视图,左视图可以采用全剖视图来表达其细节,此时要注意相贯线的画法(图4-42)。

解:见图4-42。

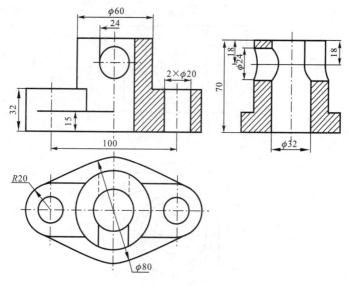

图4-42 题4-5解

◀4-6 将图中主视图改画为全剖视图(图4-43)。

分析:全剖视图主要用于表达外部形状相对简单、内部结构较复杂的机件。该机件为对称机件,且外部形状相对简单,内部相对复杂,并且内部结构均在对称面上,因此采用单一剖切平面沿机件的前后对称面剖切,移去前半部分,后半部分向 V 投影面投影。根据规定本题不可省略标注。

解:见图 4-44。

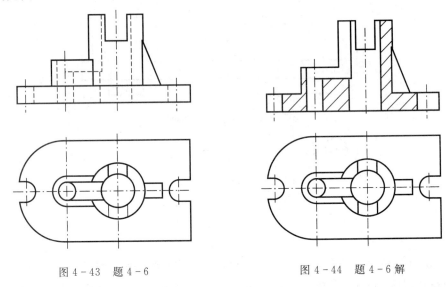

图 4-43　题 4-6　　　　　　　图 4-44　题 4-6 解

4-7 将机件主视图改画为 B-B 半剖视图,俯视图改画为 A-A 半剖视图,并补画全剖视图的左视图(图 4-45)。

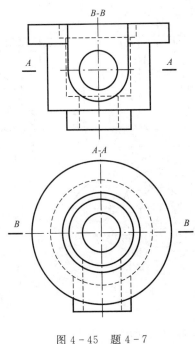

图 4-45　题 4-7

分析:半剖视图主要用于内外形状都需要表达、结构对称或基本对称的机件。

解：通过主视图和俯视图，可构思出机件的结构形体。主视图采用 $B-B$ 半剖视图，视图部分表达外部形状，特别是前面凸台的形状和位置，剖视图部分主要表达内部的台阶孔。俯视图采用 $A-A$ 半剖视图，视图部分主要表达上端面的形状，剖视图部分主要表达水平方向圆柱孔的结构，图中的虚线均省略了。主视图和俯视图中必须标注表示剖切位置的剖切符号，并标注字母，如图中的 A、B，同时在相应的视图上方标注 $A-A$、$B-B$。主视图和俯视图按投影关系配置，中间没有其他图形，因而箭头可以省略。左视图采用单一剖切面的全剖视图，剖切平面位置明确，可省略标注（图 4-46）。

解：见图 4-46。

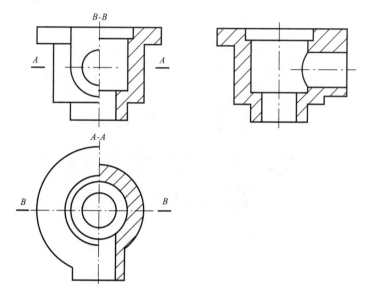

图 4-46 题 4-7 解

4-8 将机件主视图改画为局部剖视图（图 4-47）。

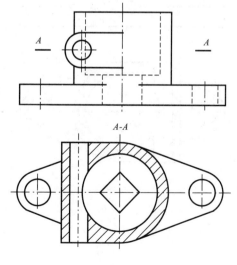

图 4-47 题 4-8

分析： 该机件内外形状均需要表达。主视图不宜作全剖视图，由于形体不对称，也不能作半剖视图，因而主视图采用局部剖视图。根据该机件的特点，主视图的右部分采用剖视图，左部分采用视图，用波浪线分割。在局部剖视图中应特别注意波浪线的画法和位置的选择。可以比较一下，两个方案中由于波浪线位置的不同对形体表达准确性也不同（图4-48、图4-49）。

解： 见图4-48、图4-49。

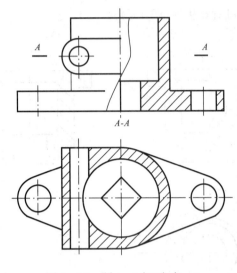

图4-48　题4-8解（方案一）

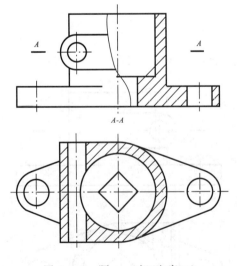

图4-49　题4-8解（方案二）

4-9 综合举例。根据下面零件的主视图和俯视图,重新选择表达方案(图4-50)。

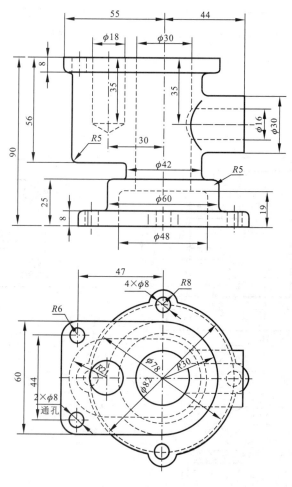

图 4-50 题 4-9

分析:根据机件的结构特点,可选择单一剖切面、几个平行的剖切面、几个相交的剖切平面、圆柱面或以上几种情况的组合形式来剖开机件。

解:从主视图中可以看出,该机件从上到下可以看成由5个部分组成,机件三维立体图如图4-51所示,其具体形状由俯视图表达,其中有两部分为圆柱体,形体相对简单,重点表达的是上端面、第二层和下底面三部分的形状。

该机件为前后对称,因而主视图采用单一剖切面的全剖视图,剖切面通过对称面,位置明确,投影

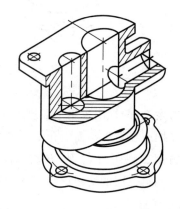

图 4-51 题 4-9 机件三维体立体图

97

关系明确,省略标注。

俯视图做了3个方案。

方案一:俯视图采用全剖视图,由于该机件左边 $\phi 18$ 孔的深度为 35,右边 $\phi 16$、$\phi 30$ 孔的轴线定位尺寸也为 35,因而采用两个相互平行的剖切面剖切机件,得到全剖视图的俯视图。上端面的形状采用局部剖视图表达(图 4-52)。

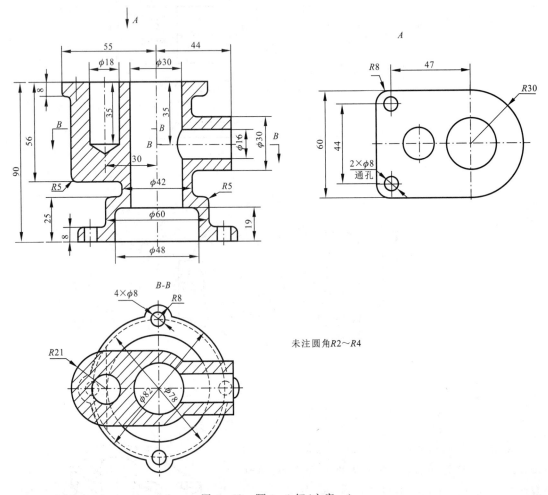

图 4-52 题 4-9 解(方案一)

方案二:俯视图采用半剖视图,剖切面与方案一相同。该方案有部分虚线不能省略。在半剖视图中注意上端面上孔 $2 \times \phi 8$ 孔定位尺寸 44 及尺寸 60 的标注方法(图 4-53)。

方案三:采用了经 $B-B$ 剖切面剖切后,向仰视方向投影,而得到 $B-B$ 全剖视图,表达上端面和第二层的结构形状,俯视图采用单一剖切面的全剖视图,表达下面三层的结构形状(图 4-54)。

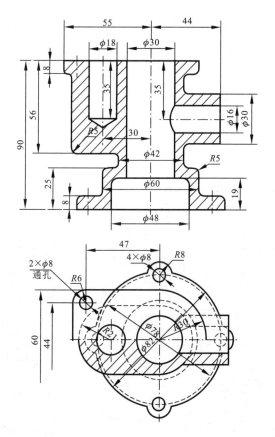

图 4-53 题 4-9 解(方案二)

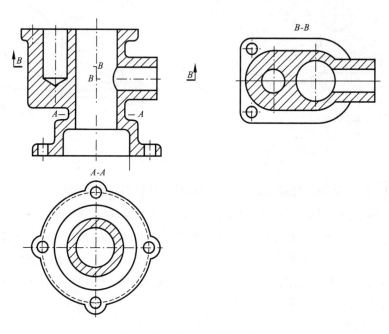

图 4-54 题 4-9 解(方案三)

◀ 4-10 根据机件的主视图和俯视图,重新选择表达方案(图4-55)。

分析:该机件与上一个例题所表达的机件大致相同,但是在机件的第二层增加了一个 $\phi 28$ 的凸台,因此主视图就不能采用全剖视图,而应采用局部剖视图。其他视图请大家考虑。

解:见图4-56。

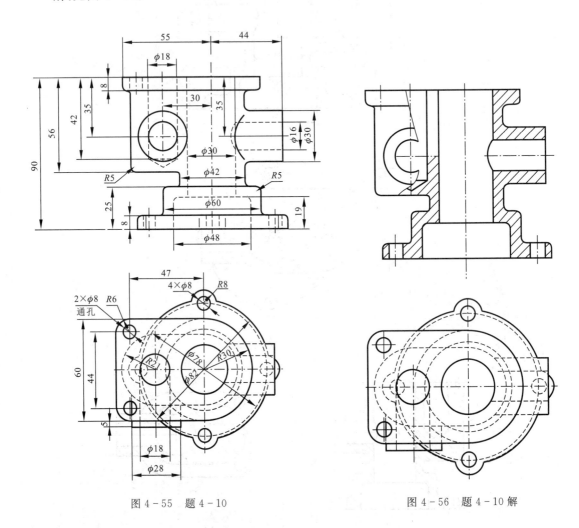

图4-55 题4-10 　　　　　　图4-56 题4-10解

◀ 4-11 综合运用。分析机件三维立体图形,选择合适的表达方案(图4-57)。

分析:根据机件的结构特点,可以将机件分为5个部分,即上部圆形法兰盘、底部方形安装连接板、垂直轴线圆筒、水平轴线圆筒以及左端面的凸板,其中水平轴线的圆筒与垂直轴线圆筒相贯。在选择表达方案时须将这5个部分的结构和相对位置表达清晰。其中中间的圆筒部分外部形状较简单,重点是表达其内部结构以及两圆筒相贯的情况。其他3个部分重点是要表达其形状。该机件为前后对称。

解:给出3种表达方案。

方案一:主视图采用单一剖切面的全剖视图,剖切面通过对称面。主要表达两个轴线方向的圆筒的结构;俯视图采用半剖视图,视图部分主要表达上部圆形法兰盘的结构,剖视图部分主要表达两圆筒之间的关联和底部方形结构;左视图采用半剖视图以及底部方形结构处的局部剖视图,视图部分主要是表达机件左端凸板的形状,局部剖视图主要是表达底部方形安装连接板上孔的结构。左视图剖视图部分主要表达轴线垂直圆筒的内部结构,与主视图的表达重复,结果如图4-58所示。

方案二:在方案一的基础上,取消左视图,用C向局部剖视图表达机件左端凸板的形状。由于取消了左视图,因而底部方形安装连接板上孔的结构无法在左视图中表达,如果主视图仍然采用全剖视图,则底部方形安装连接板上孔的结构无法表达,因此主视图采用局部剖视图,分别表达两个轴线方向圆筒的结构和底部方形安装连接板上孔的结构(图4-59)。

方案三:在方案二的基础上,将俯视图改为B-B的全剖视图,用D向局部剖视图表达上部圆形法兰盘的结构,与方案二相比此方案虽然增加了一个局部剖视图,但表达更加清晰,读图方便,结果如图4-60所示。

图4-57 题4-11机件三维立体图

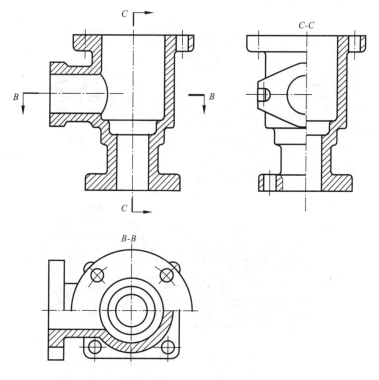

图4-58 题4-11解(方案一)

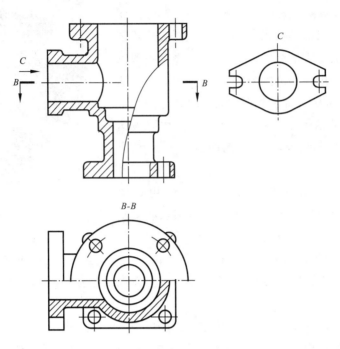

图 4-59　题 4-11 解（方案二）

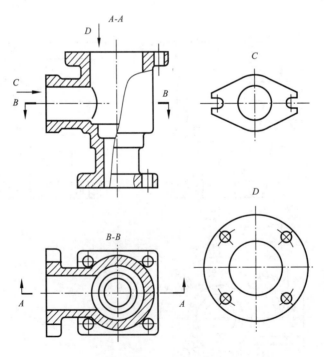

图 4-60　题 4-11 解（方案三）

◀4-12 综合运用。分析机件三维立体图形,选择合适的表达方案(图4-61)。

分析:根据机件的结构特点,可以将机件分为7个部分,即垂直轴线圆筒、水平轴线圆筒(机件的左端)、轴线与正立投影面成45°角的圆筒(机件的右前端,简称右前端圆筒)、上部方板、底部圆盘、左侧圆盘、右前端凸板。其中左侧圆筒、右前端圆筒分别与垂直圆筒相贯。在选择表达方案时须将这7个部分的结构和相对位置表达清晰。其中中间的圆筒部分内、外形状都比较简单,重点是表达三者之间的相对位置以及圆筒相贯的情况。其他4个部分重点是要表达其形状。

解:给出了5种方案。

方案一:该方案主视图和俯视图均采用视图的方法,由于右前端的结构与投影面不平行,在主视图中无法反映实形,因此这部分结构在主视图中没画出。俯视图中用虚线表达右前端圆筒的位置。C向局部剖视图表达左端圆盘的形状,E向斜视图表达右前端凸板的形状。由于是采用视图的表达方法,因此内部结构表达不清晰(图4-62)。

方案二:针对方案一的问题,将主视图改为全剖视图,采用两相交的剖切面($B-B$)。绘制主视图时,针对将通过右前端的圆筒轴线的剖切面旋转至与投影面平行再进行投影。增加$A-A$全剖视图,表达3个圆筒之间的相对位置以及底部圆盘的形状结构。由于增加了$A-A$剖视图,该方案的俯视图就只是为了表达上部方板的形状,如图4-63所示。

方案三:在方案二的基础上取消原有的俯视图,将$A-A$作为俯视图,增加D向局部剖视图表达上部方板的形状,避免重复表达(图4-64)。

方案四:与方案三基本相同,只是采用$C-C$剖视图代替了C向局部剖视图,$E-E$剖视图代替了E向斜视图(图4-65)。

方案五:方案三还可以将E向斜视图进行旋转,方案四可以将$E-E$剖视图进行旋转(图4-66)。

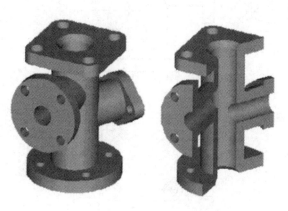

图4-61 题4-12机件三维立体图

以上,题4-11给出了3种方案,题4-12给出了5种方案,各有优缺点,请大家自行分析并提出其他方案。以此提高表达能力。

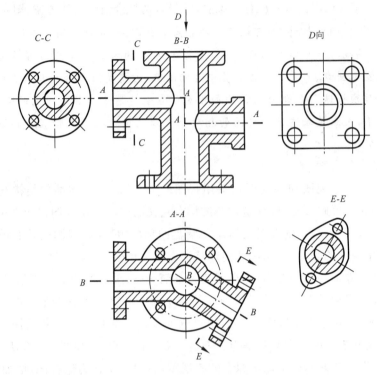

图 4-62　题 4-12 解（方案一）

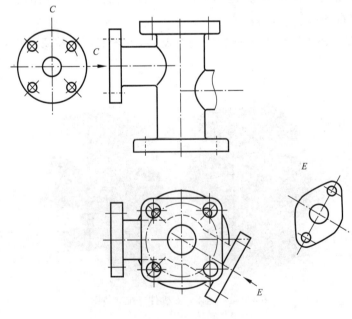

图 4-63　题 4-12 解（方案二）

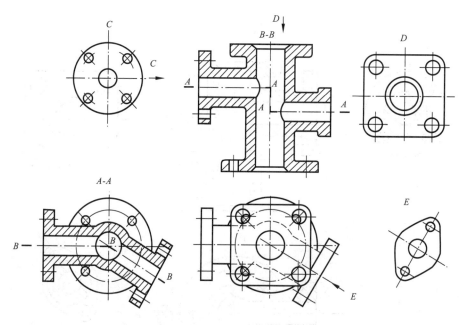

图 4-64 题 4-12 解(方案三)

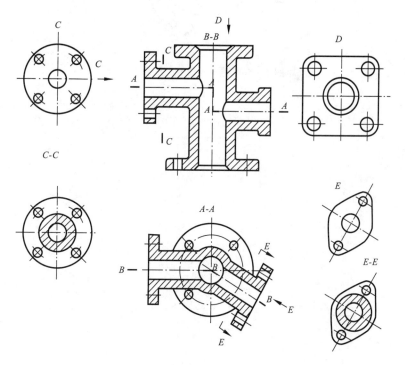

图 4-65 题 4-12 解(方案四)

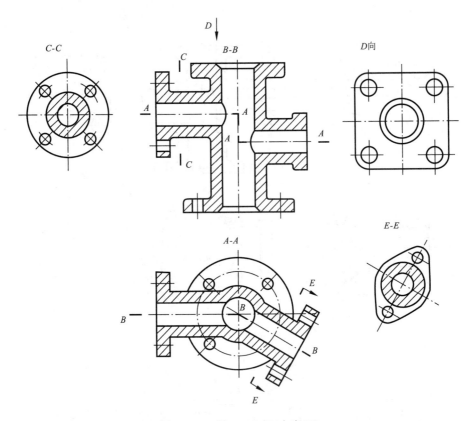

图 4-66 题 4-12 解(方案五)

第五章 零件图

第一节 知识要点精讲

一、零件图的内容

机器或部件由若干零件按一定的关系装配而成,零件是组成机器或部件的基本单元。表示零件结构、大小及技术要求的图样称为零件工作图,简称零件图。零件图是设计部门提交给生产部门的重要技术文件,它不仅反映了设计者的设计意图,而且表达了零件的各种技术要求,如尺寸精度、表面粗糙度等,工艺部门要根据零件图制造毛坯、制订工艺规程、设计工艺装备、加工零件等。所以,零件图是制造和检验零件的重要依据。图 5-1 是一个拨叉零件的零件图。

零件图是生产中指导制造和检验零件的主要技术文件,它不仅要把零件的内、外结构形状和大小表达清楚,还需要对零件的材料、加工、检验、测量等提出必要的技术要求,零件图必须包含制造和检验零件的全部技术资料。以图 5-1 所示的零件图为例,可以看出,一张完整的零件图应该包括以下四部分内容。

1. 一组视图

在零件图中,用一组视图来表达零件的形状和结构,应根据零件的结构特点,选择适当的视图、剖视图、断面图及其他规定画法,正确、完整、清晰地表达零件的各部分形状和结构。

2. 完整尺寸

正确、完整、清晰、合理地标注出制造和检验零件时所需要的全部尺寸,以确定零件各部分的形状大小和相对位置。

3. 技术要求

用规定的代号、数字、文字等,表示零件在制造和检验过程中应达到的一些技术指标。例如表面粗糙度、尺寸公差、形位公差、材料及热处理等,这些要求有的可以用符号标注在视图上。技术要求的文字一般标注在标题栏上方图纸空白处。如图 5-1 所示中的尺寸公差、

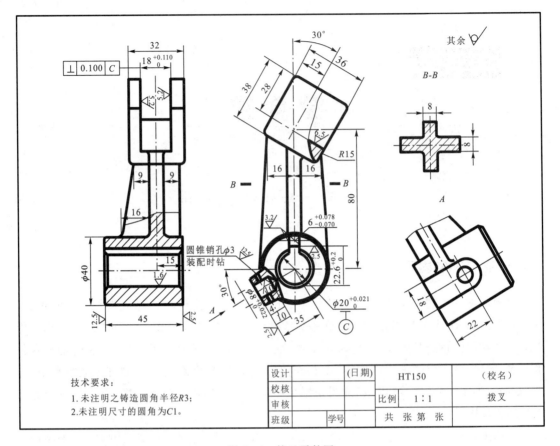

图 5-1 拨叉零件图

表面粗糙度及文字说明的技术要求等,均为拨叉的技术要求。

4. 标题栏

在零件图的右下角,用于注明零件的名称、数量、使用材料、绘图比例、设计单位、设计人员等内容的专用栏目。

二、零件图的视图选择

运用各种表达方法,选取一组恰当的视图,把零件的形状表达清楚。零件上每一部分的形状和位置要表达得完整、正确、清楚,符合国家标准规定,便于读图。

1. 主视图的选择

主视图是一组视图的核心,是表达零件形状的主要视图。主视图选择恰当与否,将直接影响整个表达方法和其他视图的选择。因此,确定零件的表达方案,首先应选择主视图。主视图的选择应从投射方向和零件的安放位置两个方面来考虑。选择最能反映零件形状特征的方向作为主视图的投射方向,确定零件的放置位置应考虑以下几个原则。

(1)加工位置原则。加工位置原则是指主视图按照零件在机床上加工时的装夹位置放置,应尽量与零件主要加工工序中所处的位置一致。

(2)工作位置原则。工作位置原则是指主视图按照零件在机器中工作的位置放置,以便把零件和整个机器的工作状态联系起来。对于叉架类、箱体类零件,因为常需经过多种工序加工,且各工序的加工位置也往往不同,故主视图应选择工作位置,以便与装配图对照起来读图,想象出零件在部件中的位置和作用,如图5-2中所示的吊钩。

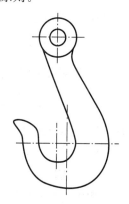

图5-2 吊钩工作位置

(3)自然安放位置原则。如果零件的工作位置是斜的,不便按工作位置放置,而加工位置较多,又不便按加工位置放置,这时可将它们的主要部分放正,按自然安放位置放置,以利于布图和标注尺寸,如图5-3所示的拨叉。

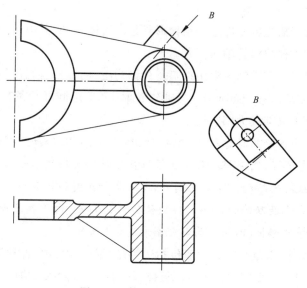

图5-3 拨叉自然安放位置

由于零件的形状各不相同,在具体选择零件的主视图时,除考虑上述因素外,还要综合考虑其他视图选择的合理性。

2. 其他视图的选择

主视图选定之后,应根据零件结构形状的复杂程度,采用合理、适当的表达方法,来考虑其他视图,对主视图表达未完部分,还需要选择其他视图完善其表达,使每一视图都具有其表达的重点和必要性。

其他视图的选择,应考虑零件还有哪些结构形状未表达清楚,优先选择基本视图,并根据零件内部形状等,选取相应的剖视图。对于尚未表达清楚的零件局部形状或细部结构,则可选取局部视图、局部剖视图、断面图、局部放大图等。对于同一零件,特别是结构形状比较复杂的零件,可选择不同的表达方案,进行分析比较,最后确定一个较好的方案。

3. 典型零件结构与视图分析

根据零件的结构特点,大体可分为轴套类、盘盖类、叉架类和箱体类等类型。从各类零件的结构、表达方法、尺寸标注、技术要求等特点中找出共同点和规律,可作为绘制和阅读同类零件图时的参考。

下面选择几种典型零件,分析其视图的表达。

例1 轴套类零件:轴套类零件包括各种轴、丝杠、套筒等。其基本形状一般为同轴的细长回转体,由不同直径的数段回转体组成。轴上常加工出键槽、退刀槽、砂轮越程槽、螺纹、销孔、中心孔、倒角和倒圆等结构。轴类零件主要用来支承传动零件(如齿轮、皮带轮等)和传递动力,套类零件通常装在轴上或孔中,用来定位、支承、保护传动零件等,如图5-4所示。

(1)选择主视图。轴套类零件主要结构形状是回转体,一般只画一个主视图来表示轴上各轴段长度、直径及各种结构的轴向位置。

(2)选择其他视图。实心轴主视图以显示外形为主,局部孔、槽、凹坑可采用局部剖视图表达。键槽等结构需画出移出断面图,当轴较长时,可采用断开后缩短绘制的画法。必要时,有些细部结构可用局部放大图表达。

分析:该轴由7个同轴圆柱体组成,有键槽、螺纹孔、定位孔、退刀槽等局部结构。由于轴类零件的加工位置明显,因而根据加工位置选择主视图及轴线水平放置,在主视图中采用局部剖视图表达螺纹孔的结构。除主视图外,还采用断面图和局部视图表达键槽的结构,以及采用局部放大图表达退刀槽的结构。特别值得注意的是,由于键槽所处的位置导致在主视图中无法表达键槽的形状,因而用局部视图表达。

例2 盘盖类零件:盘盖类零件一般包括法兰盘、端盖、阀盖和各种轮子等。其基本形状为扁平的盘状。它们的主要结构大多有回转体,径向尺寸一般大于轴向尺寸,通常还带有各种形状的凸缘、圆孔和肋板等局部结构,可起支承、定位和密封等作用,如图5-5所示。

(1)选择主视图。盘盖类零件的毛坯有铸件或锻件,机械加工以车削为主。对于圆盘,一般将中心轴线水平放置,与车削、磨削时的加工状态一致,主视图符合加工位置原则,便于加工者读图,并采用全剖视图(由单一剖切面或几个相交的剖切面等剖切获得)。对于非圆盘,主视图一般符合工作位置原则。根据结构特点,视图具有对称面时,可作半剖视;无对称面时,可作全剖视图或局部剖视图。

(2)选择其他视图。一个基本视图不能完整表达零件的内、外结构形状,必须增加其他视图。用另一视图表达孔、槽的分布情况。某些局部细节需用局部放大图表示。其他结构形状如轮辐和肋板等可用移出断面图或重合断面图,也可用简化画法。

分析:这是典型的盘盖类零件,由多段同轴回转体(包括内圆柱面)和75×75方形凸缘

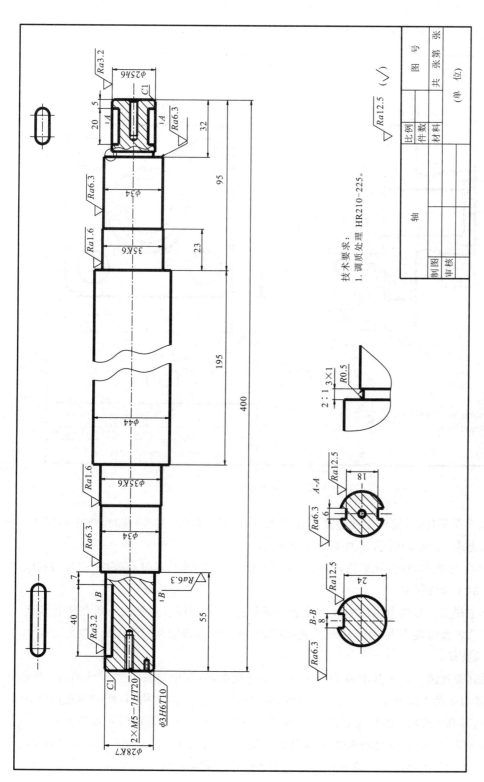

图 5-4 轴套类零件

组成。主视图采用中心轴线水平放置的全剖视图表达内部结构和相对位置。增加了一个左视图,以表达带圆角的方形凸缘和4个均布的通孔。

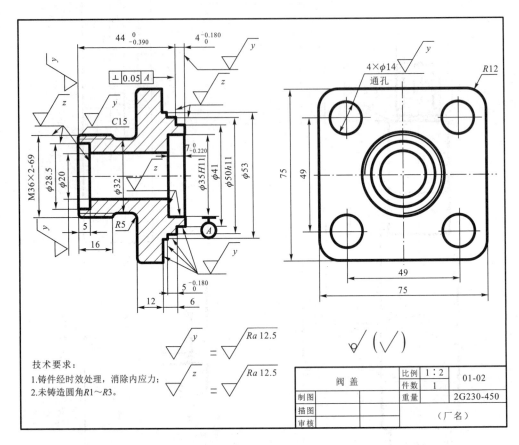

图 5-5 盘盖类零件

例3 叉架类零件:叉架类零件包括叉杆和支架,一般有杠杆、拨叉、连杆、支座等零件,通常起传动、连接、支承等作用,多为铸件或锻件。

叉架类零件形状不规则,外形比较复杂,常有弯曲或倾斜结构,并带有底板、肋板、轴孔、螺孔等结构,加工位置较多。

(1)选择主视图。叉架类零件的加工位置较难区别主次,因此,主视图一般按工作位置放置,当工作位置倾斜或不固定时,可将主视图摆正,按自然位置安放,主视图的投射方向主要考虑其形状特征。

(2)选择其他视图。其他基本视图大多用局部剖视图,兼顾表达叉架类零件的内、外结构形状。常常需要两个或两个以上的基本视图,因常有形状扭斜的结构,仅用基本视图往往不能完整表达其真实形状,常用斜视图、局部视图等表达方法。肋板结构用断面图表示。

分析: 如图 5-6 所示,该连杆两组同轴圆柱体(轴线垂直交叉)通过"工"字肋板连接,左侧圆柱体上有与之相连接的矩形连接板。即可以将该零件看成由四部分组成:右侧圆柱体、连接肋板、左侧圆柱体、矩形连接板。该类零件的造型一般比较复杂不规则,因此在选择表

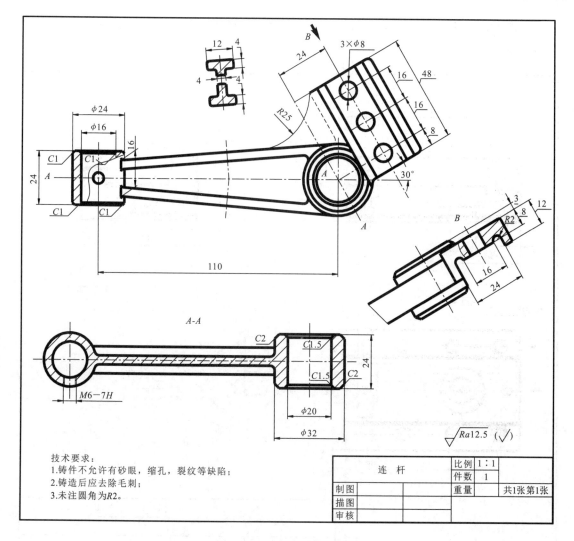

图 5-6 叉架类零件(连杆)

达方案时应注意连接方式、不规则形状的表达。

该主视图采用局部剖视图,剖视图部分表达右侧圆柱体的内部结构,视图部分表达连接肋板、矩形连接板等组成部分的结构。俯视图采用全剖视图,由两个相交的剖切面剖切后再旋转而得。采用斜视图(B向)表达矩形连接板的断面形状,并采用局部剖视图表达 φ8 孔的结构。采用移出断面图表达连接肋板的断面形状。

例 4 如图 5-7 所示,这是机用台钳的底座,其基本体为长方体,中间开有通槽,两边凸起部分有垂直方向螺纹孔(M8)6 个,水平方向螺纹孔(M6)2 个,底部有台阶孔、弧形槽和螺纹孔(M5)4 个。

该零件主视图采用全剖视图,表达通槽、台阶孔、底部螺纹孔等结构,为了表达 M8 螺纹孔的结构,在全剖视图的主视图中又采用了一处局部剖视图。左视图采用两个相平行剖切面生成的全剖视图,表达通槽的断面形状弧形槽形状以及 M6 螺纹孔、M5 螺纹孔的形状和

113

位置。俯视图采用基本视图表达外形,由于通槽的底部有槽,且尺寸较小,因而采用局部放大图表达。

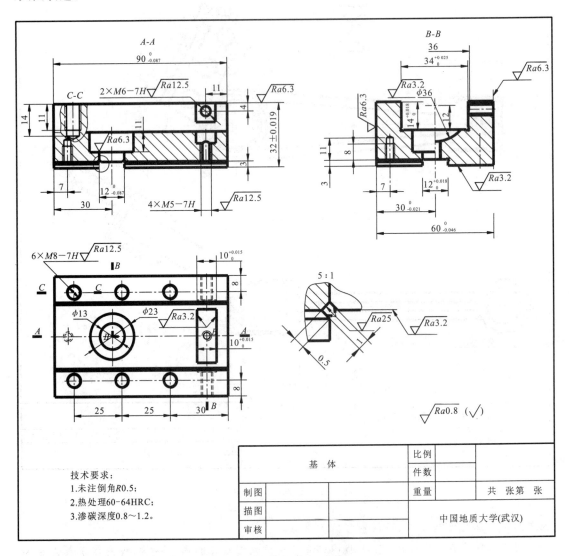

图 5-7 虎钳底座(基体)

例 5 箱体类零件。箱体类零件一般有箱体、泵体、阀体、阀座等。箱体类零件用来支承、包容、密封和保护运动着的零件或其他零件,多为铸件。

(1)选择主视图。一般来说,箱体类零件的结构比较复杂,加工位置较多,为了清楚地表达其复杂的内、外结构和形状,所采用的视图较多。箱体类零件的功能特点决定了其结构和加工要求的重点在于内腔,所以大量地采用剖视画法。在选择主视图时,主要考虑其内、外结构特征和工作位置。

(2)选择其他视图。选择其他基本视图、剖视图等多种形式来表达零件的内、外部结构形状,为表达完整和减少视图数量,可适当地使用虚线,但要注意不可多用。

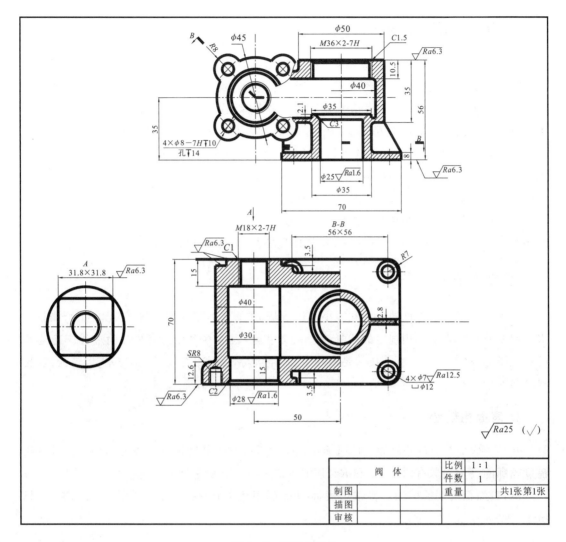

图 5-8 箱体类零件

分析：零件如图 5-8 所示是一个阀体，该阀体由两部分组成，两部分都是以圆柱体为主的同轴回转体，其两条轴线在空间垂直交叉。两部分之间以中空的矩形壳体连接，该壳体内的前后表面与 φ40 圆孔面相切，上下表面与 φ30 圆孔上部相切、下部相交，矩形壳体前后两外表面与左侧 φ50 圆柱体外表面相切。

箱体类零件的功能特点决定了其结构和加工要求的重点在于内腔，所以大量地采用剖视画法。由于该阀体的主要结构为两组同轴回转体，且两轴线垂直交叉，因此主视图、俯视图采用剖视图分别表达两个不同方向同轴回转体的结构。主视图采用局部剖视图，在表达阀体内部结构的同时，又表达了凸板耳部的外形结构；俯视图采用 3 个剖切面（相交、平行）剖切后产生的全剖视图，将不同层次的结构在同一剖视图中表达。左侧圆柱体部分的后端有一处 30×30 的凸台结构，其形状用 A 向局部视图表达。

三、零件图的尺寸标注

零件图中的尺寸是加工和检验零件的重要依据,因此,在零件图上标注尺寸,除了要符合前面所述的正确、完整、清晰等要求外,还应尽量标注得合理。尺寸的合理性主要是指既符合设计要求,又便于加工、测量和检验。为了合理标注尺寸,必须了解零件的作用、在机器中的装配位置及采用的加工方法等,从而选择恰当的尺寸基准,合理地标注尺寸。

尺寸基准是指零件在设计、制造和检验时,计量尺寸的起点。要做到合理标注尺寸,首先必须选择好尺寸基准。一般以安装面、重要的端面、装配的结合面、对称平面和回转体的轴线等作为基准。零件在长、宽、高3个方向都应有一个主要尺寸基准。

标注尺寸的合理原则包括①重要的尺寸应直接注出,②避免标注成封闭尺寸链,③应考虑到测量方便,④应符合加工顺序,⑤考虑加工方法,⑥加工面和非加工面。

四、技术要求

零件图不仅要把零件的形状和大小表达清楚,还需要对零件的材料、加工、检验、测量等提出必要的技术要求。用规定的代号、数字、文字等,表示零件在制造和检验过程中应达到的技术指标,称为技术要求。技术要求的主要内容包括表面粗糙度、尺寸公差、形位公差、材料及热处理等。

1. 表面粗糙度

在零件表面具有较小间距的峰谷所组成的微观几何形状特征称为表面粗糙度。判定粗糙度轮廓的高度参数有两个 Ra 和 Rz,其中最常用的参数是轮廓平均偏差 Ra。

例:表面粗糙度的标注。将指定表面粗糙度用代号标注在图上,如图 5-9、图 5-10 所示。

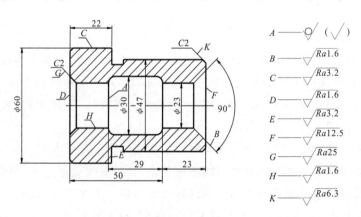

图 5-9 表面粗糙度的标注(代号)

标注时应注意:①表面粗糙度的注写和读取方向与尺寸标注的注写和读取方向一致;

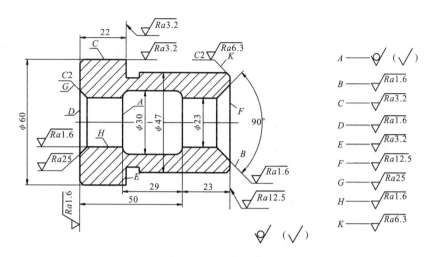

图 5-10 表面粗糙度的标注结果

②表面粗糙度可标注在轮廓线上,其符号应从材料外指向并接触表面;③由于表面粗糙度图形符号方向的限制,有些表面(如图中 F 面、B 面)可采用引出的形式标注;④当多个表面具有相同的表面结构要求或图纸空间有限时可以采用简化画法。

2. 极限与配合

极限与配合是零件图和装配图中一项重要的技术要求,也是检验产品质量的技术指标。

制造零件时,要求零件的尺寸在一个合理范围之内,由此就制订了极限尺寸。制成后的实际尺寸应在规定的最大极限尺寸和最小极限尺寸范围内。允许尺寸的变化量称为尺寸公差,简称公差。

基本尺寸相同的、相互结合的孔和轴公差带之间的关系称为配合。孔和轴之间的配合有松有紧,因而配合分为三类:间隙配合、过盈配合和过度配合。

在制造相互配合的零件时,使其中一种零件作为基准件,它的基本偏差固定,通过改变另一零件的基本偏差来获得不同性质配合的制度称为配合制。国家标准规定了两种配合制:基孔配合制(基孔制)、基轴配合制(基轴制)。

例:根据装配图的配合尺寸,在零件图上标注出基本尺寸和上、下偏差数值,如图 5-11、图 5-12 所示。

在装配图上标注极限与配合,采用组合式注法:在基本尺寸后面用一分数形式表示,分子为孔的公差带代号,分母为轴的公差带代号。上、下偏差数值查表确定,在零件图中标注。轴承为标准件,其内、外径都是基准部位,在装配图中不标号。

五、读零件图

读零件图的要求是了解零件的名称、所用材料和它在机器或部件中的作用,并通过分析视图、尺寸和技术要求,想象出零件各组成部分的结构形状及相对位置。从而在头脑中建立

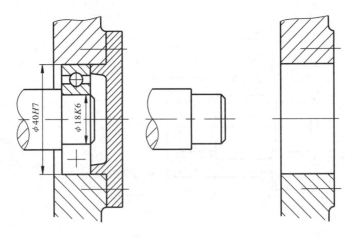

图 5-11 装配图的配合尺寸

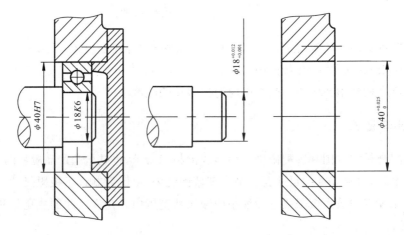

图 5-12 装配图配合尺寸的零件图标注

起一个完整的、具体的零件形象,并对其复杂程度等有初步的认识,理解其设计意图,分析其加工方法等。读零件工作图的基本方法仍然是形体分析法和线面分析法。

对于一个较为复杂的零件,由于组成零件的形体较多,将每个形体的三视图组合起来,图形就显得繁杂了。实际上,对每个基本形体而言,用 2~3 个视图就可以确定它的形状,读图时只要善于运用形体分析法,把零件分解成基本形体,便不难读懂较复杂的零件图。

下面以图 5-13 所示的油缸体为例,说明看零件图的方法和步骤。

1. 概括了解

首先,通过标题栏,了解零件名称、材料、绘图比例等,根据零件的名称想象零件的大致功能,并对全图做一个大体观览,这样就可以对零件的大致形状、在机器中的大致作用等有个大概认识。

该零件的名称为油缸体,属于箱体类零件,为液压缸的缸体,材料为灰口铸铁(HT200),零件毛坯是铸造而成,结构较复杂,加工工序较多。

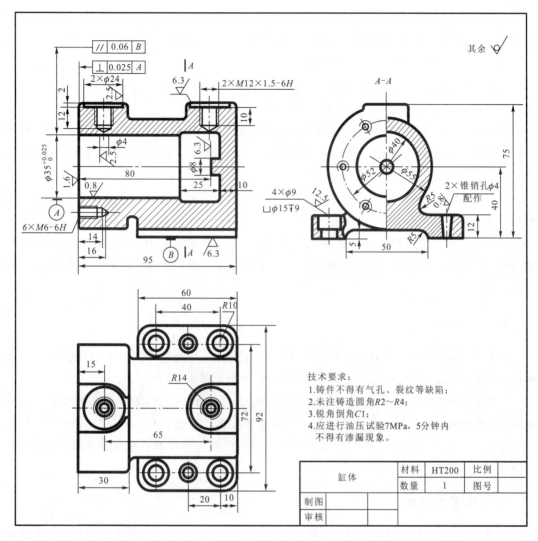

图 5-13 油缸体零件图

2. 分析视图，想象零件形状

在纵览全图的基础上，详细分析视图，想象出零件的形状。要先看主要部分，后看次要部分；先看容易确定、能够看懂的部分，后看难以确定、不易看懂的部分；先看整体轮廓，后看细节形状。即应用形体分析的方法，抓住特征部分，分别将组成零件各个形体的形状想象出来。对于局部投影难解之处，要用线面分析的方法仔细分析，辨别清楚。最后将其综合起来，搞清它们之间的相对位置，想象出零件的整体形状。

可按下列顺序进行分析。①找出主视图；②分析有多少视图、剖视、断面等，找出它们的名称、相互位置和投影关系；③凡有剖视、断面处要找到剖切面位置；④有局部视图和斜视图的地方必须找到表示投影部位的字母和表示投射方向的箭头；⑤有无局部放大图及简化画法。

在这一过程中,既要熟练地运用形体分析法,弄清楚零件的主体结构形状,又要依靠对典型局部功能结构(如螺纹、齿轮、键槽等)和典型局部工艺结构(如倒角、退刀槽等)规定画法的熟练掌握,弄清楚零件上的相应结构。

既要利用视图进行投影分析,又要注意尺寸标注(如 R、S、SR 等)和典型结构规定注法的"定形"作用;既要看图想物,又要量图确定投影关系。

分析零件图选用了哪些视图、剖视图和其他表达方法,想象出零件的空间形状。各视图用了何种表达方法,若是剖视图时,分析从哪个零件位置剖切,用何种剖切面剖切,向哪个方向投射;若为向视图时,分析从哪个方向投射,表示零件的哪个部位。

油缸体采用了3个基本视图,零件的结构、形状属中等复杂程度。主视图表达缸体内部结构。俯视图表达底板的形状、螺孔和销孔的分布情况,以及连接油管的两个螺孔所在的位置和凸台的形状。左视图表达缸体和底板之间的关系,其端部连接缸盖的螺孔分布和底板的沉孔、销孔情况。$\phi 8$ 孔凸台起限制活塞行程的作用,上部左右两个螺孔通过管接头与油管连接。

3. 尺寸分析

分析零件图上的尺寸,首先要找出3个方向的主要尺寸基准,然后从尺寸基准出发,按形体分析法,找出各组成部分的定形尺寸、定位尺寸及总体尺寸。

缸体长度方向的尺寸基准为左端面,标注的定位尺寸有80、15,通过辅助基准标注底板上的定位尺寸有10、20、40;宽度方向的尺寸基准为缸体前后的对称面,标注定位尺寸72;高度方向的尺寸基准为缸体底部平面,标注定位尺寸40;以 $\phi 35$ 活塞孔的轴线为辅助基准,标注定位尺寸 $\phi 52$。

4. 了解技术要求

读懂技术要求,如表面粗糙度、尺寸公差、形位公差以及其他技术要求。分析技术要求时,关键是弄清楚哪些部位的要求比较高,以便考虑在加工时采取措施予以保证。

油缸体 $\phi 35$ 活塞孔,其工作面要求防漏,因此,表面粗糙度 Ra 的上限值为 0.8,左端面为密封平面,表面粗糙度 Ra 的上限值为 1.6。$\phi 35$ 活塞孔的轴线对底面(即安装平面)的平行度公差为 0.06,左端面对 $\phi 35$ 活塞孔的轴线的垂直度公差为 0.025。因为工作介质为压力油,依据设计要求,加工好的零件还应进行保压检验。

六、综合分析零件图

把零件的结构形状、尺寸标注、工艺和技术要求等内容综合起来,就能了解零件的全貌,也就读懂了零件图。有时为了读懂一些较复杂的零件图,还要参考有关资料,全面掌握技术要求、制造方法和加工工艺,综合起来就能得出零件的总体概念。

例:综合分析图 5-14 所示的蜗轮箱体零件图。

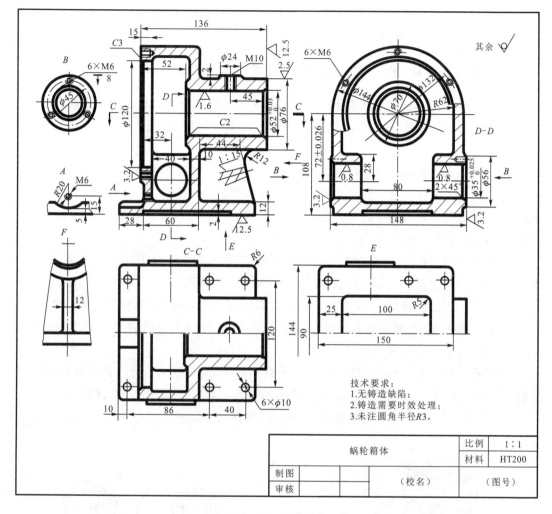

图 5-14 蜗轮箱体

1. 看标题栏,概括了解

由图 5-14 可知该零件名称为蜗轮箱体,是蜗轮减速器中的主要零件,因而可知蜗轮箱体主要起支承、包容蜗轮和蜗杆等的作用。该零件为铸件,因此,应具有铸造工艺结构的特点。

2. 视图分析

首先找出主视图及其他基本视图、局部视图等,了解各视图的作用以及它们之间的关系、表达方法和内容。图 5-15 所示的蜗轮箱体零件图采用了主视图、俯视图和左视图 3 个基本视图,4 个局部视图和一个重合剖面。其中,主视图采取全剖视图,主要表达箱体的内形;左视图为 D-D 局部剖视图,表达左端面外形和 $\phi35+0.025/0$ 轴承孔结构等;俯视图为 C-C 半剖视图,与 E 向视图相配合,以表达底板形状等。其余 A 向、B 向、E 向和 F 向局部视图均可在相应部位找到其投影方向。

3. 根据投影关系,进行形体分析,想象出零件整体结构形状

以结构分析为线索,利用形体分析法逐个看懂各组成部分的形状和相对位置。一般先看主要部分,后看次要部分,先外形,后内形。由蜗轮箱体的主视图分析,大致可分成如下 4 个组成部分。

(1) 箱壳。从主视图、俯视图和左视图可以看出箱壳外形上部为外径 $\phi144$、内径 $R62$ 的半圆形壳体,下部大体上是外形尺寸为 60、144、108,厚度为 10 的长方形壳体;箱壳左端是圆形凸缘,其上有 6 个均匀分布的 $M6$ 螺孔,箱壳内部下方前后各有一方形凸台,并加工出用于装蜗杆的滚动轴承孔。

(2) 套筒。由主视图、俯视图和左视图可知,套筒外径为 $\phi76$、内孔为 $\phi52+0.03/0$,用来安装蜗轮轴,套筒上部有一 $\phi24$ 的凸台,其中有一 $M10$ 的螺孔。

(3) 底板。根据俯视图、主视图和 E 向局部视图有关部位分析,底板大体是尺寸为 150×144×12 的矩形板,底板中部有一矩形凹坑,底板上加工出 6 个 $\phi10$ 的通孔;左部的放油孔 $M6$ 的下方有一个 $R20$ 的圆弧凹槽。

(4) 肋板。从主视图和 F 向局部视图及重合剖面可知,肋板大致为一梯形薄板,处于箱体前后对称位置,其三边分别与套筒、箱壳和底板连接,以加强它们之间的结构强度。

综合上述分析,便可想象出蜗轮箱体的整体结构形状,如图 5-15、5-16 所示。

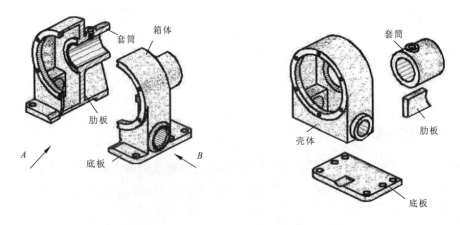

图 5-15 蜗轮箱体结构分析

4. 分析尺寸和技术要求

看图分析尺寸时,一是要找出尺寸基准,二是分清主要尺寸和非主要尺寸。由图 5-14 可以看出,左端凸缘的端面为长度方向的尺寸基准,以此分别标注套筒和蜗杆轴承孔轴心线

的定位尺寸 52 和 32。宽度方向的尺寸基准为对称平面，高度方向的尺寸基准为箱体底面。蜗轮轴孔与蜗杆轴孔的中心距 72±0.026 为主要尺寸，加工时必须保证。然后再进一步分析其他尺寸。

在技术要求方面，应对表面粗糙度、尺寸公差与配合、形位公差以及其他要求做详细分析。如本例中轴孔 $\phi35+0.025/0$ 和 $\phi52+0.03/0$ 等加工精度要求较高，粗糙度 Ra 为 $0.8\mu m$，两轴孔轴线的垂直度公差为 0.02。

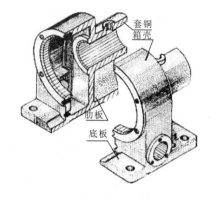

图 5-16 蜗轮箱体三维立体图

第二节 解题方法归纳

如前所述，本章主要内容包括：零件图的基本内容；各种典型零件的视图及表达方法的选择；完整、正确、清晰、合理的尺寸标注；极限与配合，表面粗糙度的基本知识和标注等。

在学习过程中应达到以下基本要求：

(1) 了解常用零件结构特点及加工方法，掌握零件上常用工艺结构的表达方法；

(2) 掌握各种典型零件的结构特点、表达方法，特别是主视图及表达方法的选择，掌握绘制中等复杂程度零件图的方法；

(3) 对尺寸基准有初步的认识，掌握零件图的尺寸标注的要求，能正确、完整、清晰和尽量合理地标注尺寸；

(4) 了解极限与配合、表面粗糙度的意义，掌握标注方法；

(5) 掌握阅读中等复杂程度零件图的方法。

本章的题型主要分为画零件图和读零件图。画零件图之前先对零件的内外结构、特征以及它们之间的相对位置进行分析，并考虑加工方法、安装位置、零件的作用等因素选择主视图的投影方向和表达方法。在此基础上选择适当的表达方法将构成该零件的所有结构形状、特征完全表达清楚。分析尺寸基准、标注尺寸、标注技术要求。读零件图要首先读懂零件的结构和形状，读图时可以对一些工艺结构暂不作考虑，先按组合体读图的方法构思零件的整体结构，再逐步把工艺结构加上去。对于内腔较多的零件，多采用剖视图，可以由内及外构思整个零件。

第三节 典型题解答

◀ 5-1 读套筒零件图(图 5-17)。

分析：该零件是以圆柱体为主的同轴回转体，左端面有 6 个 M8 螺纹孔，定位尺寸为 $\phi78$，均匀分布；右端面有一个 $\phi95$ 深 $8±0.1$ 的孔，其端面还有 6 个 M6 螺纹孔，定位尺寸为

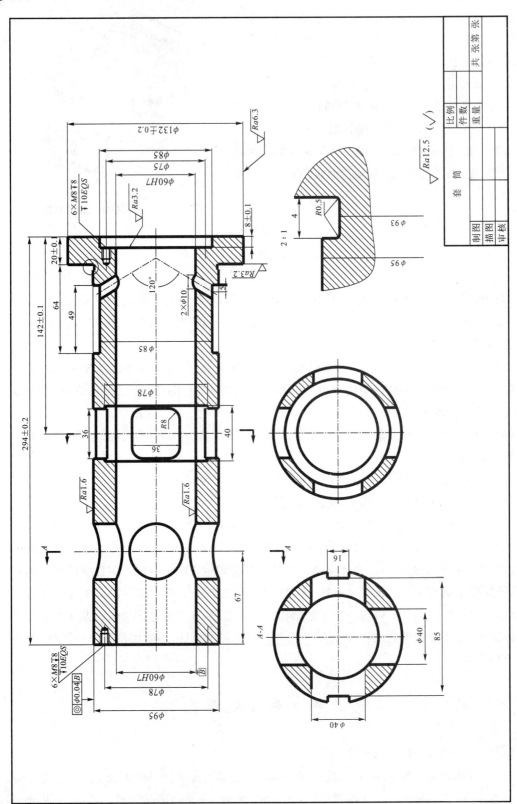

图 5-17 套筒零件图

φ75,均匀分布;从 $A-A$ 断面图可以看出此处圆筒上有相互垂直贯通的圆孔 φ40,并在前后加工有槽(宽16),请注意主视图中的虚线不能省略。轴的中间部位有相互贯通的方槽(36×36);轴的右端有2个轴线夹角为120°、φ10斜孔。

请思考以下问题:
(1)在垂直轴线方向有几种类型孔,其尺寸分别为多少?
(2)砂轮越程槽有几处,其尺寸为多少?
(3)零件上 M6 孔有几个,其定位尺寸为多少,如何分布?
(4)将 φ95h6 写成上、下偏差的形式。
(5)尺寸 294±0.2 的公差范围是多少?
(6)说明符号 ◎|φ0.04|B 的含义,形状是什么?
(7)表面粗糙度为 $\sqrt{Ra3.2}$ 处的表面形状是什么?尺寸为多少?

解:(1)轴线距左端面 67mm φ40 圆孔和中心线距右端面 162±0.1 的 36×36 的方孔。

(2)一处越程槽,其结构和尺寸由局部放大图反映,尺寸为 4×1。

(3)零件上 M6 孔有 6 个,其定位尺寸为 φ75,均匀分布。

(4) $\phi 95_{-0.022}^{0}$

(5)尺寸 294±0.2 的公差范围是 0.4。

(6)(7)答案略;请读者自行在图中寻找。

▶ 5-2 读端盖零件图(图 5-18)。

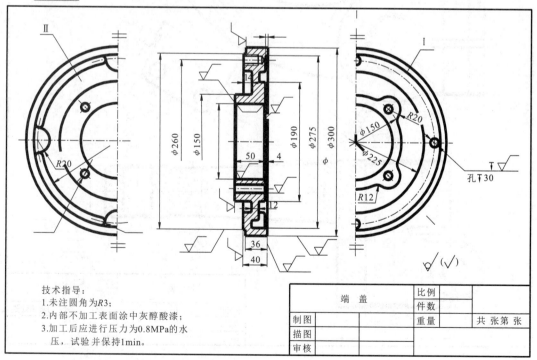

图 5-18 端盖零件图

分析：该零件为端盖类零件，主体仍为同轴回转体。由于左右两面结构不同，分别采用了左视图和右视图表达，并从简化画法，轴线两端加注了对称符号。

该零件为铸件，上有螺纹孔、光孔的结构，为了将这些结构在主视图一同表达，主视图采用两个相交的剖切面 $A-A$ 剖切的全剖视图。

请思考以下问题：

(1) 用箭头符号在图中指出长、宽、高 3 个方向的主要尺寸基准。

(2) $\phi 280 n6(+0.066/+0.034)$ 的最大极限尺寸、最小极限尺寸。

(3) $4\times\phi 13$ 孔的定位尺寸是多少？

解：(1) 略，请读者自行分析；

(2) 最大极限尺寸为 $\phi 280.066$，最小极限尺寸为 $\phi 280.034$。

(3) $4\times\phi 13$ 孔的定位尺寸是 $\phi 280$。

◁ 5-3 读弯臂零件图（图 5-19）。

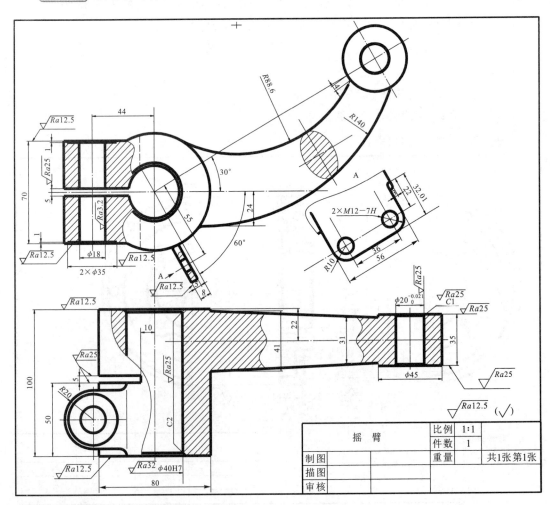

图 5-19 摇臂零件图

分析：该零件为叉架类零件，通过连接杆将 $\phi 80$ 套筒和 $\phi 45$ 套筒连接，$\phi 80$ 套筒上有凸出的耳板和连接支板，结构比较复杂。主视图和俯视图采用局部剖视图，既表达了外形又表达了各个孔的内部结构；连接支板采用斜视图，用重合断面图表达连接杆的断面形状。

请思考以下问题：

(1) 该零件图采用了哪些表达方法？

(2) $\phi 20+0.021/0$ 孔的定位尺寸为多少？$\phi 18$ 孔的定位尺寸为多少？$2 \times M12$ 螺纹孔的定位尺寸为多少？

(3) 用箭头符号在图中标出过渡线的投影。

(4) 用箭头符号在图中指出长、宽、高 3 个方向的主要尺寸基准。

解：主视图和俯视图采用局部剖视图，主视图中有一处重合断面图，还有一个局部视图。其他请读者自行分析。

◁ 5-4 读零件图，补画 $C-C$ 剖视图（图 5-20）。

分析：该零件为蜗轮减速器的壳体，为典型的壳体类零件。根据零件的结构特点和作用，将零件分为三个部分，如图 5-21 中的①②③所示。主视图采用全剖视图表达零件的内部结构，特别是蜗轮和蜗杆安装轴线的相对位置以及轴孔的结构。俯视图、左视图均采用半剖视图，其中左视图主要表达①的端面形状以及蜗轮和蜗杆轴孔的连接和过渡情况，剖视图部分反映了壳体的壁厚等结构，视图部分的结构表达了 $M3$ 螺纹孔的结构和数量。$B-B$ 剖视图反映了②部分的端面形状以及③部分的形状。通过分析构思出该零件形状结构，绘制 $C-C$ 剖视图（图 5-21）。

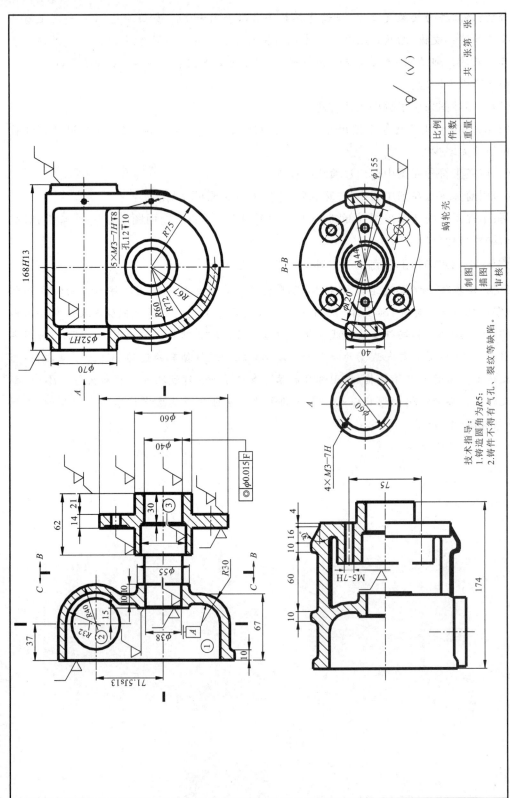

图 5-20 蜗轮壳体零件图

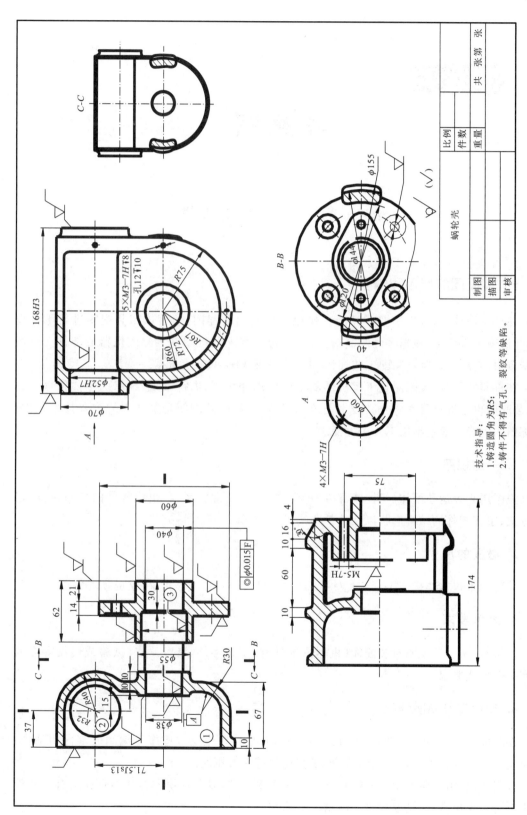

图 5-21 蜗轮壳零件图（带 C-C 剖视图）

第六章 装配图

第一节 知识要点精讲

一、装配图的作用和内容

在产品设计中,首先根据产品的工作原理图画出装配图;然后依照装配图进行零件设计,并拆画出零件图;根据零件图制造出零件;遵循装配图将零件装配成机器或部件。在产品制造中,装配图是制订装配工艺规程、进行装配和检验的技术依据。

在机器使用时,装配图是了解机器的工作原理和构造,进行调试、维修的主要依据。此外,装配图也是进行科学研究和技术交流的工具。因此,装配图是生产中的主要技术文件。装配图的内容一般包括以下 4 个方面。

1. 一组视图

视图用来表达装配体(机器或部件)的工作原理、装配关系、各组成零件的相对位置、连接方式、主要零件的结构形状以及传动路线等。

2. 必要的尺寸

装配图上仅需要标注表示装配体(机器或部件)规格,以及装配、安装时所必需的尺寸。

3. 技术要求

用符号、文字等说明对装配体(机器或部件)的工作性能、装配要求、试验或使用等方面的有关条件或要求。

4. 零件序号和明细栏

在装配图中,对每个不同的零件编写序号,并在标题栏上方按序号编制成零件明细栏。说明装配体及其各组成零件的名称、数量和材料等一般概况。

应当指出,由于装配图的复杂程度和使用要求不同,以上各项内容并不是在所有的装配图中都要表现出来,而是要根据实际情况来决定。

二、画装配图

画装配图指由零件图和装配示意图拼画装配图。

在画装配图之前，必须对该装配体的功用、工作原理、结构特点以及装配体中各零件的装配关系等有一个全面的了解和认识，结合装配图的作用，确定表达方案，在读懂零件图的基础上，将各零件拼画到装配图的各个视图上。并能正确对零部件进行序号编写以及填写标题栏。具体步骤如下：

1. 了解部件的工作原理

选择表达方案时需要分析装配体的工作原理，从装配干线入手，确定主视图及其他基本视图，以表达对部件功能起主要作用的主要装配干线，兼顾次要装配干线，再辅以其他视图表达基本视图中没有表达清楚的部分，直到把装配体的工作原理、装配关系等都完整清晰地表达出来。对已有资料进行整理、分析，进一步弄清装配体的性能及结构特点，对装配体的完整结构形状做到心中有数。

2. 装配图的表达方案

(1) 主视图的选择。装配图中的视图必须清楚地表达各零件间的相对位置和装配关系、机器或部件的工作原理和主要零件的结构形状。在选择表达方案时，首先要选择好主视图，再选择其他视图。

主视图按机器的工作位置放置，并使主要装配干线、主要安装面处于水平或铅垂位置，如果装配体的工作位置倾斜，为画图方便，通常将装配体按放正后的位置画图。

将能够充分表达机器形状特征的方向作为主视图的投射方向，并作适当的剖切或拆卸，将其内部零件间的关系全部表达出来，以便清楚地表达机器主要零件的相对位置、装配关系和工作原理。

由于多数装配体都有内部结构需要表达，因此，主视图多采用剖视图画出。所取剖视的类型及范围要根据装配体内部结构的具体情况决定。

(2) 其他视图的选择。主视图确定之后，若还有带全局性的装配关系、工作原理及主要零件的主要结构还未表达清楚，应选择其他基本视图来表达。

基本视图确定后，若装配体上还有一些局部的外部或内部结构需要表达时，可灵活地选用局部视图、局部剖视图或断面图等来补充表达。

注意事项：

(1) 从装配体的全局出发，进行综合考虑。有多种表达方案时，应通过比较择优选用。

(2) 设计过程中的装配图应详尽一些，为零件设计提供结构方面的依据；装配工作的装配图，可简略一些，重点在于表达零件在装配体中的位置。

(3) 装配图中，装配体的内、外结构应以基本视图来表达，而不应以过多的局部视图来表达，以免图形支离破碎。

(4)若视图需要剖开绘制时,一般应从各条装配干线的对称面或轴线处剖开。

(5)装配体上对于其工作原理、装配结构、定位安装等方面没有影响的次要结构,可不表达。

3. 画装配图的步骤

首先根据确定的表达方案、部件的大小及复杂程度选择合适的图样比例和图幅,按如下步骤画图:

(1)依据表达的视图和图幅,选择适当的比例;

(2)画图框、标题栏,并预留明细栏的位置;

(3)先画出各视图的主要轴线,对称中心线或作图基线;

(4)从主视图开始,几个视图配合进行;

(5)由内向外逐个画出各个零件;

(6)检查底稿,标注尺寸,画剖面线;

(7)加深图线;

(8)编序号,填写明细栏、标题栏,注写技术要求。

画装配图时,为了提高画图的速度和质量,必须选择好绘制零件的先后顺序。以便使零件相对位置准确,并尽可能少画不必要的线条。通常可以围绕装配轴线,根据零件的装配关系由内至外进行绘制。有时也可以由外至内进行,先画基本视图,后画非基本视图。

三、读装配图

1. 读装配图的要求

读装配图就是要从装配图中了解装配体的性能、工作原理、零件间的装配关系以及各零件的主要结构和作用,主要包括以下几个方面:

(1)了解部件的名称、用途、性能和工作原理;

(2)了解部件的结构、零(部)件种类、相对位置、装配关系及装拆顺序和方法;

(3)弄清每个零(部)件的名称、数量、材料、作用和结构形状。

2. 读装配图的步骤

1)概括了解

首先从标题栏入手,了解装配体的名称和绘图比例。从装配体的名称联系生产实践知识,往往可以知道装配体的大致用途。再从明细栏了解零件的名称和数量,并在视图中找出相应零件所在的位置。此外,浏览一下所有视图、尺寸和技术要求,初步了解该装配图的表达方法及各视图间的大致对应关系,以便为进一步读图打下基础。

2)详细分析

清楚装配体的工作原理、装配连接关系、结构组成及润滑、密封情况,并将零件逐一从复杂的装配关系中分离出来,想象出其结构形状。按零件的序号顺序进行,以免遗漏。

轴套类、轮盘类和其他简单零件一般通过一个或两个视图就能看懂。较复杂的零件,根据零件序号指引线所指部位,分析该零件在视图中的范围及外形,然后对照投影关系,找出该零件在其他视图中的位置及外形,综合分析,想象出其结构形状。

分离零件时,利用剖视图中剖面线的方向或间隔的不同及零件间相互遮挡时的可见性规律来区分零件是十分有效的。借助三角板、分规等工具,能提高读图的速度和准确性。运动零件的运动情况按传动路线逐一进行分析。

3) 归纳总结

(1) 装配体的功能是什么,其功能是怎样实现的,在工作状态下,装配体中各零件起什么作用,运动零件之间是如何协调运动的?

(2) 装配体的装配关系、连接方式是怎样的,有无润滑、密封,其实现方式如何?

(3) 装配体的拆卸及装配顺序如何?

(4) 装配体如何使用,使用时应注意什么事项?

(5) 装配图中各视图的表达重点意图是什么,是否还有更好的表达方案,装配图中所标注尺寸各属哪一类?

四、由装配图拆画零件图

根据装配图拆画零件图(简称拆图),不仅需要较强的读图、画图能力,而且需要有一定的设计和工艺知识。

在读懂装配图基础上,从装配图中分离出待拆零件的视图,构思出其形状及在机器中的作用,再选择合理的表达方案。应当注意,在装配图中,由于零件间的相互遮挡或采用了简化画法、夸大画法等,零件的具体形状或某些形状不能完全表达清楚,这时,零件的某些不清楚部位应根据其作用和与相邻零件之间的装配关系进行分析,补充完善零件图。

装配图的视图选择方案主要是从表达装配体的装配关系和整个工作原理来考虑的;而零件图的视图选择,则主要是从表达零件的结构形状这一特点来考虑。由于表达的出发点和主要要求不同,所以在选择视图方案时,就不应强求与装配图一致,即零件图不能简单地复制装配图上对于该零件的视图数量和表达方法,而应结合该零件的形状结构特征、工作位置或加工位置等,按照零件图的视图选择原则重新考虑。

在装配图中对零件上某些局部结构可能表达不完全,而且对一些工艺标准结构还允许省略(如圆角、倒角、退刀槽、砂轮越程槽等)。在画零件图时均应补画清楚。

拆画零件图时应按零件图的要求标注全尺寸。装配图已标注的尺寸,在有关的零件图上应直接标注出,对于配合尺寸,一般应标注出尺寸的上、下偏差。对于一些工艺结构,如圆角、倒角、退刀槽、砂轮越程槽、螺栓通孔等,应尽量选用标准结构,查阅有关标准尺寸标注。对于与标准件相连接的有关结构尺寸,如螺孔、销孔、键槽等尺寸,应查阅有关手册资料确定。有的零件的某些尺寸需要根据装配图所给的数据进行计算才能得到(如齿轮分度圆、齿顶圆直径等)。一般尺寸均按装配图的图形大小、比例,可从装配图中按比例直接量取,并将量得的尺寸数值圆整。确定零件的技术要求,按照零件图的要求完成零件图的绘制。

第二节 解题方法归纳

如前面所述,本章主要介绍装配图的表达方法、尺寸标注、装配图的画法以及由装配图拆画零件图的方法和步骤,是对图形的表达能力和设计能力的综合体现。

本章的主要内容包括装配图的内容、装配图的表达方法、装配图的尺寸标注、画装配图、读装配图。

主要要求有以下几个方面:
(1)了解装配图的作用与内容;
(2)掌握装配图的规定画法和特殊画法;
(3)掌握由零件图绘制装配图的方法;
(4)掌握装配图尺寸标注的要求和方法;
(5)掌握零(部)件序号的编写规则,正确填写明细栏;
(6)掌握阅读装配图的方法及由装配图拆画零件图的方法。

装配图是表达机器或部件的图样。通常用来表达机器或部件的工作原理以及零件、部件间的装配、连接关系。因此本章的重点是在充分了解机器或部件的工作原理,零件之间的装配、连接关系的基础上,运用装配图的各种表达方法,特别是特殊表达方法加以表达,画出装配图。掌握读装配图的方法和步骤,并掌握拆画零件图。

第三节 典型题解答

一、由零件图拼画装配图

 绘制夹紧卡爪装配图。

夹紧卡爪工作原理:夹紧卡爪是一种组合夹具,在机床上是用来夹紧工件的,由8种零件组成。卡爪(1)底部与基体(3)凹槽相配合。螺杆(2)的外螺纹与卡爪内螺纹连接,而螺纹的缩颈被垫铁(4)卡住,使其只能在垫铁中转动,而不能沿轴线移动。垫铁用2个螺钉(8)固定在基体的弧形槽内。为了防止卡爪脱出基体,用前后两个盖板(5、7)和6个内六角螺钉(6)与基体连接。

当用扳手旋转螺杆,靠梯形螺纹传动使卡爪在基体内沿螺杆的轴线方向移动,以便夹紧或松开工件。基体底部有凹槽和螺纹孔用于固定。夹紧卡爪示意图如图6-1所示。

夹紧卡爪装配图如图6-2所示。

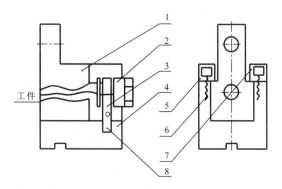

图6-1 夹紧卡爪结构示意图

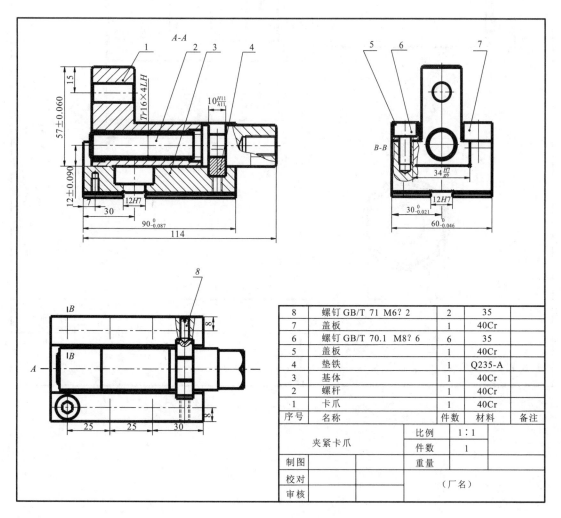

图6-2 夹紧卡爪装配图

分析：夹紧卡爪的主要装配干线为螺杆，且装配干线在前后的对称面上，因此主视图采用通过该对称面的全剖视图，主要的装配关系就可以表达出来，而且能表达工作原理。左视图、俯视图采用局部剖视图，反映螺钉的连接情况和主要零件基体的形状。

夹紧卡爪的零件图 6-3～图 6-8 所示。

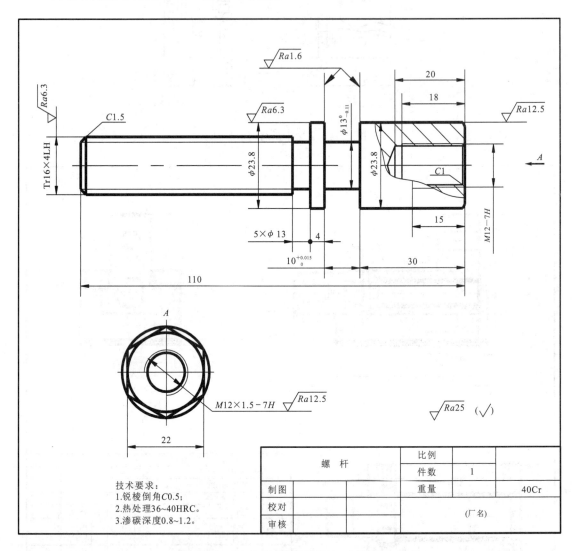

图 6-3　夹紧卡爪零件图（一）螺杆

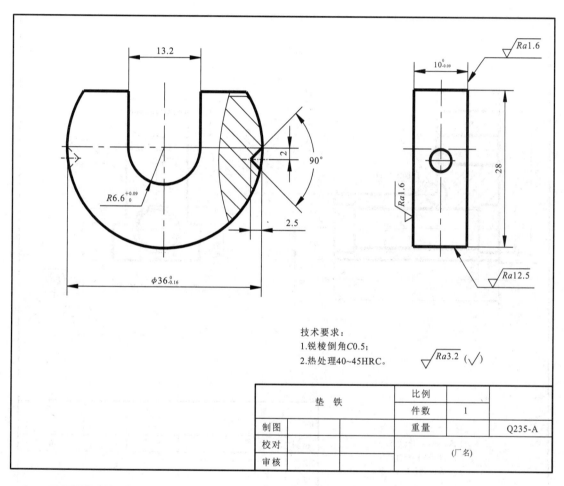

图 6-4 夹紧卡爪零件图(二)垫铁

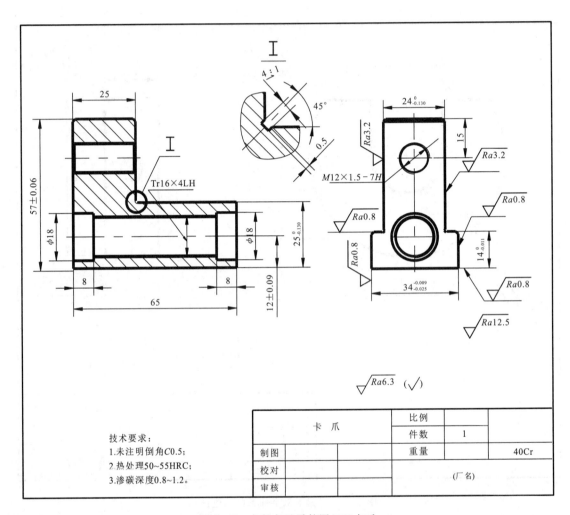

图 6-5 夹紧卡爪零件图(三)卡爪

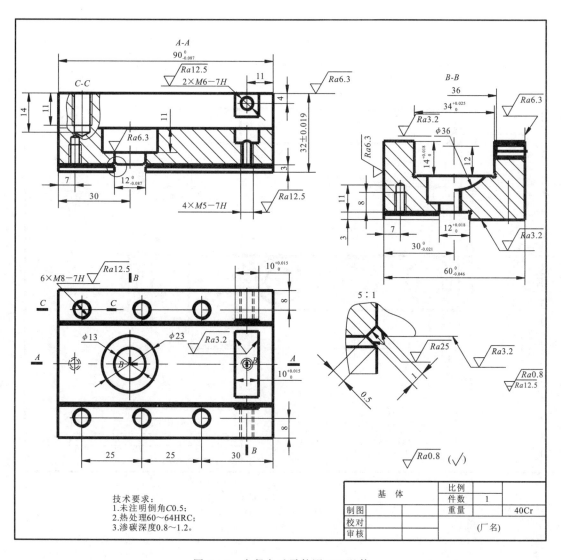

图 6-6 夹紧卡爪零件图(四)基体

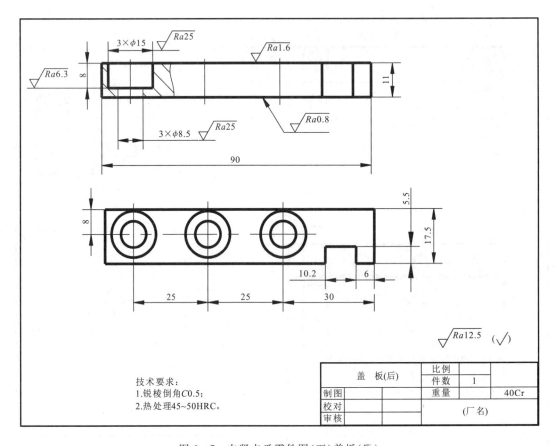

图 6-7 夹紧卡爪零件图(五)盖板(后)

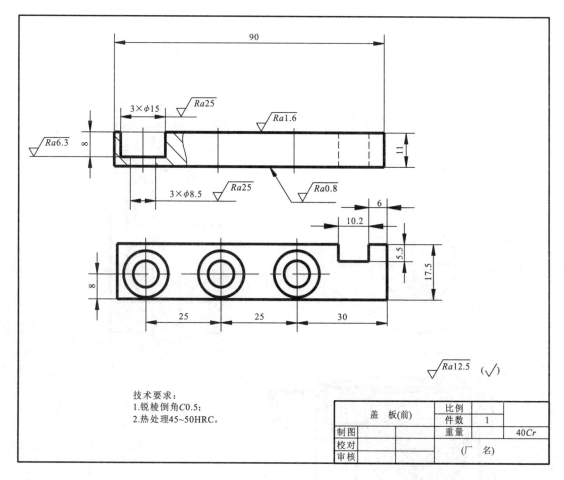

图 6-8 夹紧卡爪零件图(六)盖板(前)

二、拆画零件图

6-2 读懂蝴蝶阀装配图,拆画序号为 1 阀体的零件图。

工作原理:蝴蝶阀是在管道上用来截断气体或液体的零件。当外力推动齿杆(13)左右转动时,与齿杆啮合的齿轮(7)带动阀杆(4)旋转,使阀门(2)开启或关闭。

拆画零件图:读懂装配图,在装配图中找出阀体的内外部的边界线,分离出阀体(1)的轮廓。根据零件的形状特征、工作位置等参考装配图确定表达方案。

阀体零件是该蝴蝶阀上的主体部分,参照装配图,确定零件图的主视图采用半剖视图,右视图和俯视图采用局部剖视图表达该零件。

蝴蝶阀装配图如图 6-9 所示。

从装配图中分离出阀体零件的轮廓如图 6-10 所示。

选择表达方案,绘制阀体零件图如图 6-11 所示。

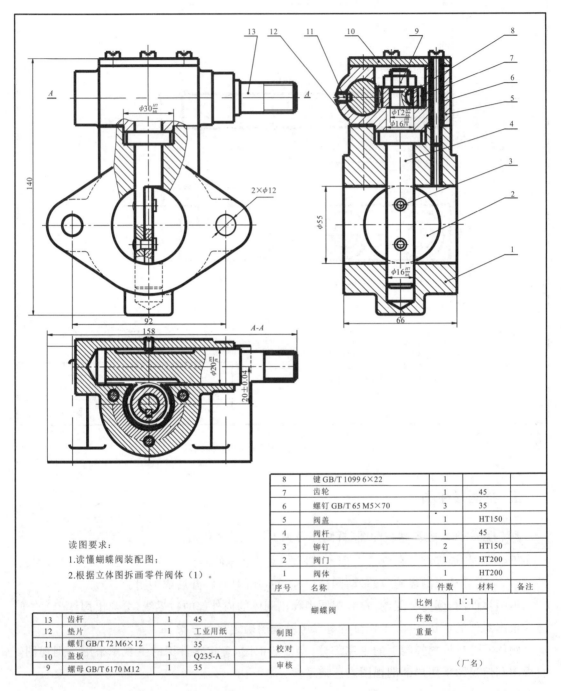

图 6-9 蝴蝶阀装配图

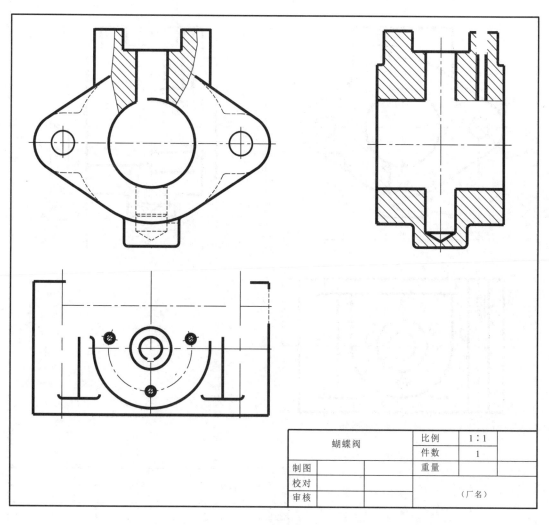

图 6-10 蝴蝶阀阀体分离图

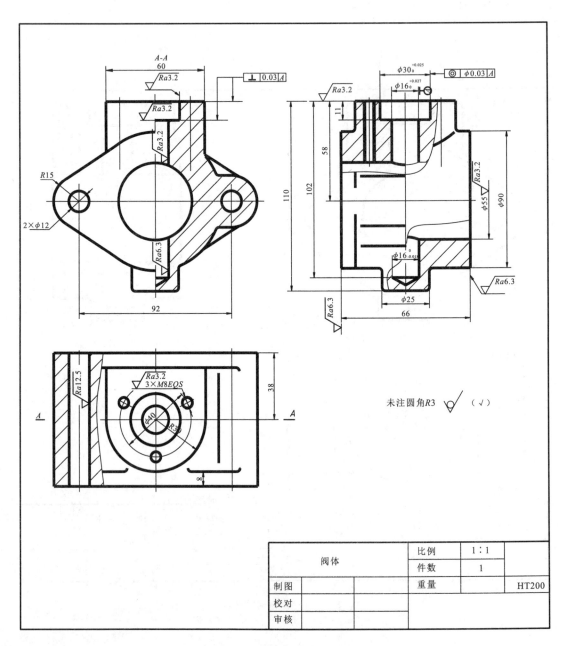

图 6-11 蝴蝶阀阀体零件表达方案

▶6-3 读懂齿轮泵装配图,拆画零件泵体(1)、泵盖(9)。

工作原理:齿轮泵是液压系统或润滑系统中流体加压的部件,从右视图中可见,当齿轮轴(16)作逆时针方向转动时,齿轮(15)作顺时针方向转动,在泵体(1)上方进油处产生局部真空而使压力降低,油被吸入,并随齿轮的齿隙被带到下方的出油口处。当齿轮连续转动时就产生了齿轮泵的加油作用。

拆画零件图:读懂装配图,在装配图中找出泵体零件的内外部的边界线,分离出泵体(1)、泵盖(9)的轮廓。根据零件的形状特征、工作位置等参考装配图确定表达方案。

泵体零件是该齿轮泵上的泵壳,其他的零件基本上是安装在该零件上。参照装配图,根据泵体零件的结构特点和齿轮泵的安装位置,确定零件图的主视图、左视图、右视图、俯视图的表达方法,与装配图一致。其中主视图常用局部剖视图来表达泵体内腔的结构,未剖切部分主要表达出油口的位置;右视图主要表达泵体右端的形状,用局部剖视图表达进、出油口的形状和位置;左视图主要表达泵体左端的形状,用局部剖视图表达底部安装孔的形状;俯视图常用全剖视图,主要表达泵体内腔结构。

泵盖零件是典型的盘盖类零件,主视图采用全剖视图,左视图采用基本视图。

齿轮泵装配图如图 6-12 所示。

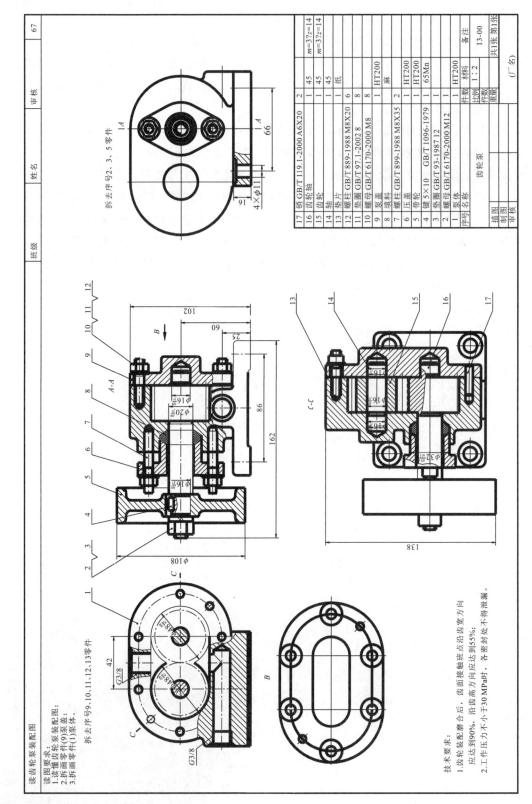

图 6-12 齿轮泵装配图

1. 从装配图中分离出泵体零件的轮廓（图 6–13）。

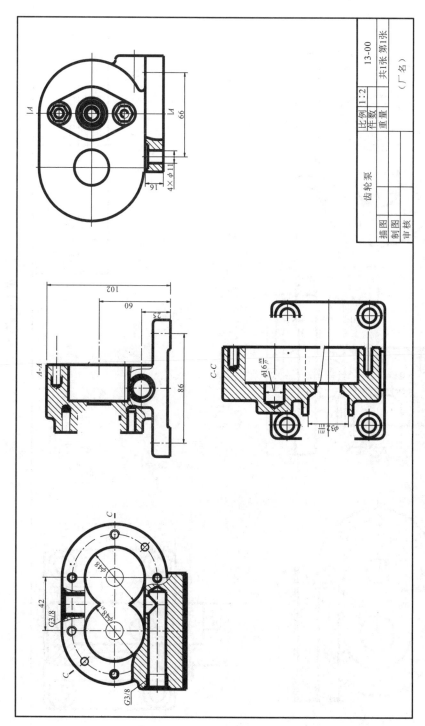

图 6–13 齿轮泵泵体分离

2. 选择表达方案,绘制泵体零件图(图 6-14)。

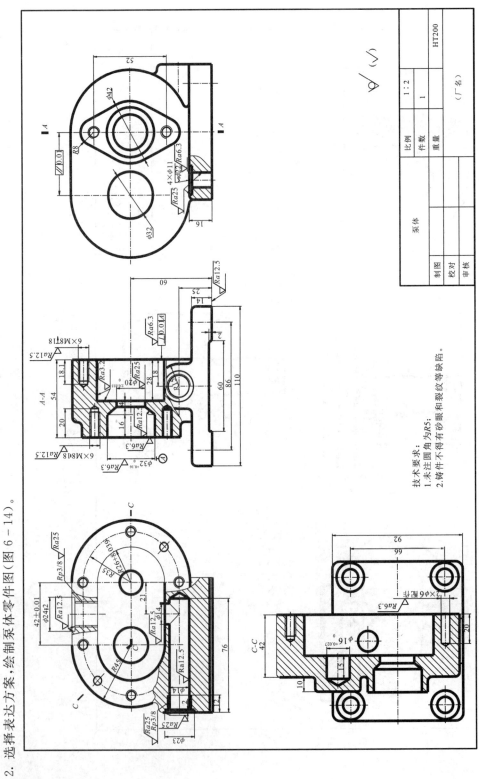

图 6-14 齿轮泵泵体表达方案图

3. 绘制泵盖零件图(图 6-15)。

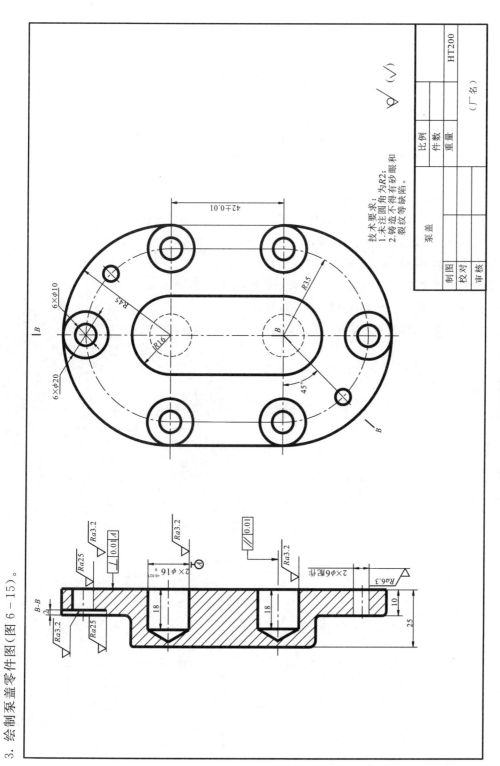

图 6-15 齿轮泵盖表达方案图

主要参考文献

范冬英,刘小年.机械制图[M].3版.北京:高等教育出版社,2017.
韩静,王玫,等.机械制图[M].北京:清华大学出版社,2014.
何铭新,钱可强.机械制图[M].7版.北京:高等教育出版社,2014.
鲁屏宇.工程图学[M].北京:机械工业出版社,2001.
陆国栋,施岳定.工程图学解题指导与学习引导[M].北京:高等教育出版社,2006.
牟志华.机械制图[M].北京:中国铁道出版社,2012.
宋春明.机械制图[M].重庆:重庆大学出版社,2017.
王巍.机械制图[M].2版.北京:高等教育出版社,2009.
武俊秋.机械制图[M].北京:机械工业出版社,2014.
张培训,李玉保.机械制图习题集[M].郑州:黄河水利出版社,2009.